"十二五"职业教育国家规划教材
经全国职业教育教材审定委员会审定

模具拆装及成型实训

主　编　单　岩　卜学军　张凌云
副主编　刘明洋　徐立鑫　汪大庆

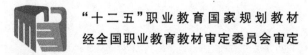

ZHEJIANG UNIVERSITY PRESS
浙江大学出版社
·杭州·

图书在版编目（CIP）数据

模具拆装及成型实训 / 单岩等主编. —杭州：
浙江大学出版社，2014.8（2024.7重印）
ISBN 978-7-308-13587-0

Ⅰ．①模… Ⅱ．①单… Ⅲ．①模具－装配（机械）
②模具－成型 Ⅳ．①TG76

中国版本图书馆 CIP 数据核字（2014）第 167579 号

内容简介

本书是新世纪教改项目《模具结构认知与拆装虚拟实验室》的配套教材，首次提出"虚"、"实"结合的模具拆装与成型实训新模式。内容包括：课程简介、模具拆装基础知识、计算机辅助虚拟拆装、成型试验基础知识、成型实训等，并给出了常用注塑模具和冷冲模结构的拆装与成型实训实例。书后还附有常用模具技术词汇的中、英、地方俚语对照表。

本书是"十二五"职业教育国家规划教材，适合用作为应用型本科、高等职业院校模具专业拆装与成型实训教学，以及模具钳工、模具设计等课程的辅助教材。同时，还可供模具企业相关岗位的工程师参考。

模具拆装及成型实训

主　编　单　岩　卜学军　张凌云
副主编　刘明洋　徐立鑫　汪大庆

责任编辑　杜希武
封面设计　刘依群
出版发行　浙江大学出版社
　　　　　　（杭州市天目山路 148 号　邮政编码 310007）
　　　　　　（网址：http：//www.zjupress.com）
排　　版　杭州好友排版工作室
印　　刷　广东虎彩云印刷有限公司绍兴分公司
开　　本　787mm×1092mm　1/16
印　　张　21.25
字　　数　530 千
版 印 次　2014 年 8 月第 1 版　2024 年 7 月第 6 次印刷
书　　号　ISBN 978-7-308-13587-0
定　　价　59.00 元

《机械工程系列规划教材》

编审委员会

前　　言

　　模具拆装与测绘是模具设计与制造岗位必须掌握的工作技能,而模具拆装与测绘实训则是模具专业学习过程中重要的教学环节,对模具专业课程的教学效果有关键的影响,是模具专业建设的重点课程。

　　然而,尽管模具拆装实训有互动、真实的教学特点,但也有教学难度大、强度高、成本高的问题,成为模具专业教学中最难上、最"头疼"的课程之一。因此,一些院校甚至将拆装实训减少到几个课时,只是象征性地走个过场,根本无法达到模具拆装实训应有的教学效果,许多学生在毕业时,对模具结构仍然是一知半解。

　　针对这一现状,我们在本教材中提出了一种全新的模具拆装与成型实训模式。基于计算机三维图形仿真技术,实现了模具结构的虚拟拆装与认知,并与实物拆装有机地结合起来,形成了"虚"、"实"结合的模具拆装新模式。它不仅继承了实物拆装的互动、真实的特点,还克服了实物拆装中存在的种种弊端,更增加了知识学习、运动仿真、自动考核等功能,从而大大降低了模具拆装实训的实施难度,强化了拆装实训的教学能力,有效地改善了该课程的教学效果。

　　在本教材模具测量与绘图的章节中,我们介绍了三坐标测量和逆向工程两种新技术,不仅拓展了本课程的教学内容,使之更加贴近工程实际的需要,同时也使本实训课程与模具检测、逆向工程等专业课程有一定的衔接。书中还提供了丰富的实训案例,包括五种典型的注塑模和五种典型的冷冲模具,可完全满足模具拆装与测绘教学的需求。

　　读者可通过 www.51cax.com 网站下载《模具结构认知与拆装虚拟实验室》学习版。采用本教材的任课教师则可来电索取该软件的光盘及其他教学资源。读者可用学呗课堂APP 直接扫一扫教材封底的二维码获取《模具虚拟工厂(装调车间)》学习版。采用本教材的任课教师则可来电索取《模具虚拟工厂(装调车间)》教师版。本教材同时配套提供所有教学案例的实物模具,可选材料有钢、铝合金、透明塑料等,尺寸重量均控制在单人可轻松拆装的水平。

　　本书是"十二五"职业教育国家规划教材,适合用作为应用型本科、高等职业院校模具专业拆装与成型实训教学,以及模具钳工、模具设计等课程的辅助教材。同时,还可供模具企业相关岗位的工程师参考。

　　本书由单岩(浙江大学,第 1、3、9 章)、卜学军(天津机电工艺学院,第 2、8 章)、张凌云

（山西省工业管理学校，第 4、9 章）、刘明洋（江苏信息职业技术学院，第 5、6 章）、徐立鑫（深圳市龙岗区现代制造技术学院，第 5、6 章）、汪大庆（湖南工贸技师，第 7、8 章）等编写，吴中林（杭州浙大旭日科技开发有限公司）负责校对审核。限于编写时间和编者的水平，书中必然会存在需要进一步改进和提高的地方。我们十分期望读者及专业人士提出宝贵意见与建议，以便今后不断加以完善。请通过以下方式与我们交流：

- 网站：http://www.51cax.com
- E-mail：book@51cax.com
- 致电：0571－28811226，28852522

《模具结构认知与拆装虚拟实验室》是教育部高等职业教育专业教学资源库建设项目和浙江省教育厅新世纪教改项目成果，由浙江大学和杭州浙大旭日科技开发有限公司联合开发。许多大专院校模具专业教师、企业工程师提出了大量有益的建议，在此深表谢意！

最后，感谢浙江大学出版社为本书的出版所提供的机遇和帮助。

作　者

2014 年 1 月于浙江大学

目　　录

第1章　课程简介

1.1　课程目标与意义

模具专业课程中的一个重点内容是模具结构的认知教学,它又分为三个方面:模具的内部结构认知、模具机构运动原理和成型过程认知、模具与周边附属设备间的协调与配合关系认知。

模具拆装与测绘实训是当前各院校模具结构认知教学的主要方式,一般在专用实训室进行,学生通过拆装和测绘模具实物或教学模型达到以下教学目标:

(1)了解模具的结构和工作原理。

(2)掌握模具拆装、测量技能。

(3)巩固模具设计知识,强化模具建模与绘图技能。

模具拆装与测绘实训具有交互性好、真实感强的教学特点,是任何教学演示手段(如动画)无法替代的。学生只有亲自动手,而不是被动地观看,才能达到正确理解、深刻记忆的教学效果,为后面的学习打下坚实的基础。

模具拆装不仅是模具教学中的有效一种学习手段,更是模具制造岗位必须掌握的工作技能。

一方面,模具本身是组合装备,模具零件加工后必须经过装配才能使用。由于受到设计水平和加工水平的制约,模具零件在加工完成后往往不能一次装配成功。为减少装配风险,在加工非标准零件时,常常故意留有一定的配模余量,再通过钳工反复配模,从而达到理想的装配效果。配模对模具的最终品质有直接的影响。

另一方面,模具在使用过程中的维修和维护也需要通过拆装才能实现。例如,由于设计、加工或使用不当造成模具损坏,如热流道浇口堵塞、排气槽堵塞、水(油、气)路泄露等,都需要通过拆装进行维修。

所以,模具拆装与测绘实训是模具专业学习过程中重要的教学环节,对模具专业课程的教学效果有关键的影响,是模具专业建设的重点课程。

1.2　预备知识和技能

进行模具拆装与测绘实训前应具备三方面预备知识和技能:

(1)基础知识:相关课程包括模具通识、模具设计基础、机械制图等。

（2）软件技能：二维绘图软件（如 AutoCAD）和三维建模软件（UG、PROE 等）。

（3）测量技能：主要是三坐标测量设备操作。

1.3　教学特点与实施要点

模具拆装与测绘实训的教学特点有：

（1）交互性强。学生不是单纯在课堂上听老师讲解，而是在整个教学活动中一边接受教师的指导，一边动手实践。

（2）真实感强。与课堂上所展示的图片、动画相比，模具拆装实训所使用的教学资源有更真实的仿真效果，更便于学生直观、正确地理解模具结构。

（3）教学难度大。拆装实训教学是个与学生互动的过程，需要针对每个拆装小组出现的问题单独处理。由于模具结构比较复杂，零件较多，因此拆装实训过程中常常发生零件丢失、损坏、装配不良、卡死的现象，给实训管理增加了难度。老师上课时往往顾此失彼，而课后则往往面临一个"烂摊子"要收拾。同时，拆装成绩考核、实训安全管理也有相当难度。

模具拆装实训教学中应该注意的要点：

（1）要安排足够的课时。最好能单独设置拆装实训课程，如果确无条件单独开课，则应该在相关课程（如塑料模具设计）中分配足够的学时用于拆装。尤其是高职、中职、技校的模具课程，更应将动手操作作为主要的教学手段，其效果要远好于听讲。

（2）拆装预演。在正式拆装之前，要向学生仔细讲解所要拆装的模具结构、拆装步骤和拆装要点，并以视频或动画的形式演示拆装过程。当然，最有效的方法就是在实物拆装之前，先进行计算机辅助虚拟拆装。拆装预演可以防止在实训过程中出现混乱，增强拆装实训效果。

（3）安全第一。实物拆装，尤其是真实模具的拆装存在着一定的安全风险，所以教师采取一定的安全措施是有必要的，如进行充分的拆装预演、安全教育等，并准备必要的防护用具和治疗用品（如手套、创可贴等）。

1.4　实物模具拆装实训的缺陷

尽管模具拆装实训对提升模具课程教学效果有重要的作用，但它同时又是模具专业课程中最难上、最"头疼"的教学内容。主要表面在：

（1）教学难度高、强度大

由于模具结构比较复杂，零件较多，因此拆装实训过程中常常发生零件丢失、损坏、装配不良、卡死的现象，给实训管理增加了难度。老师上课时往往顾此失彼，而课后则往往面临一个"烂摊子"要收拾。同时，成绩考核、实训安全管理也有相当难度。

（2）教学效果受诸多条件限制

模具结构认知教学的现场拆装实训受到教学时间、场地、设备数量等多方面的限制。例如，不可能为每个学生提供全套的实物模型和充足的实训时间，也不可能无限制地让学生反复实训等等。往往是一所学校只有几套、十几套教学模型,要供数十名甚至数百名学生使用,效果可想而知。

(3) 教学成本高

拆装实训所采用的模具实物模型一般由代木、铝合金等材料制作,其成本虽然比真实的钢制模具低得多,但作为教学用具依然是比较高的,即使是简易的模型每套经常达到千元以上。而模具种类复杂多样(多达数十种),其中仅仅注塑模具这一个种类的基本结构的教学就至少需要 5 种以上的模型,因此其购买成本和维护成本是非常高的。

(4) 品种有限,难以更新

由于实物模型的采购成本较高,并且在存放或拆装实训时需要较大的场地,因此往往只能选择一些最基本的模具结构进行教学,难以全面反映模具的种类和结构变化。同时也难以跟随模具技术的发展保持扩充和更新。

(5) 实训内容与教学功能的局限性

虽然实物模型能直观地表达产品的结构,但也存在着三个方面的问题:一是难以方便地观察模具装配机构的运动过程,尤其是难以观察到内部机构的运动过程。二是难以观察模具制品的成型过程,如塑料在模具型腔中的流动过程。三是无法表达与周边设备(如注塑机)配合运动关系,不利于学生从整体上了解模具工作原理。四是实训模型与真实模具相比,在精度、外观、结构完整性等方面降低了标准,无法真实反映出模具的装配工艺和制造工艺,使实训的真实感有所下降。

毫不夸张地说,上述问题已经严重影响到模具拆装实训教学的正常开展,一些院校甚至被迫将该部分教学内容压缩到几个课时,只是象征性地走个过场,根本无法达到模具拆装实训应有的教学效果。许多学生在毕业时,对模具结构仍然是一知半解。

1.5 "虚"、"实"结合的实训模式

为弥补实物模具拆装实训的缺陷,受浙江省教育厅委托,浙江大学开发了《模具虚拟工厂(装配车间)》软件系统。该系统充分利用三维造型、机构运动分析、可视化仿真、人机交互等计算机应用技术,可在计算机上以立体、交互方式完成模具结构的认知与虚拟拆装实训。

与传统的实物模型拆装实训相比,虚拟拆装实训有许多独特的优势,如成本极低、实验内容更丰富、教学功能更强大,不受时间、空间限制,可以反复进行等。虚拟实训使得每一个学生都能得到充分的实训机会,可在保证教学效果的前提下,实现规模化教学。

以"虚拟"补充"实物"、以"软件"补充"硬件"是当前理工科专业实训课程一个重要发展方向。传统的以实物模型为主的模具结构认知与拆装实训,必将发展为基于虚拟现实技术的"虚"、"实"结合的新一代教学模式。

1.6 教学资源建设

开展模具拆装与测绘实训所需的教学资源表包括:

（1）硬件：包括实物模具、拆装工具、测绘工具。

（2）软件：包括模具拆装虚拟实验室、三维建模软件、工程制图软件。

（3）其他：教学计划、教学大纲、PPT、演示动画、试题库等等。

实物模具的选购应注意以下要点：

（1）真实性：其结构、装配工艺、材料、完整性等方面要与真实模具一致，尽量不要修改和简化。模具最好能直接用于加工成型。

（2）典型性：要反映最典型、常用的模具结构。结构不一定很复杂，但要完整。

（3）尺寸与重量：从安全性和方便角度考虑，模具尺寸与重量要控制在单人可轻松拆装的范围，最大尺寸一般控制在 200 毫米以内，单件重量一般在 5 千克以内为佳。单件最大重量不应超过 10 千克。

（4）强度与耐久性：尽可能使用钢制模具，并注意了解供应商的售后维修服务。

一些院校采用企业报废模具作为拆装实训教具，但效果却往往不理想。原因很简单：一是报废模具本来就不是专为教学设计的，其结构、尺寸往往不典型，不适用于教学。二是报废模具每种结构往往只有一套，只能供一组学生使用，不适合规模教学。三是没有备件和维修服务，一旦有零件损坏和丢失，就真的"报废"了，风险较大。

三维建模软件建议采用 UG NX 或 PRO-E。工程制图可采用 AUTOCAD，也可直接使用三维建模软件的绘图模块。

有关模具拆装虚拟实验室（第三章）、拆装工具（第二章）、测绘工具（第 4 章）的内容在本书后续章节详细介绍。此外，任课教师凭相关证明可索取（或从 www.51cax.com 网站下载）本书配套提供的软件及配套教学资源。

第2章　模具拆装基础知识

2.1　模具钳工技术简介

模具的用途非常广泛,种类繁多,制造方法也多种多样。虽然机械化、数控化水平在不断地提高,但对于模具工作表面的修磨、模具的装配、模具的调试及维修等工作,完全靠机械设备是难以满足的,所以对钳工的技能提出了很高的要求。模具钳工在模具生产加工过程中广泛应用,充分发挥了模具钳工在模具加工体系中的重要作用,对提高模具生产率,缩短模具的制造周期,降低模具制造成本,都具有十分重要的意义。

钳工是使用钳工工具或设备,按技术要求对工件进行加工、修整、装配的工种。在机械制造厂中是一个主要工种,它的工作范围很广。随着企业生产的发展,钳工的专业化分工也愈来愈细,如分出划线钳工、安装钳工、装配钳工、机修钳工、工具钳工等。模具钳工与机修钳工、工具钳工的基本技能要求是一致的,所使用的工夹具部分是相同的,但他们的主要工作内容是有差异的。

模具钳工一般分为制造钳工,装配钳工,调试钳工,维修钳工等。

2.1.1　模具钳工的主要工作内容

模具钳工主要工作是模具制造、修理、维护以及设备更新。是利用虎钳及各种手动工具、气动工具、电动工具、钻床及模具专用设备来完成目前机械加工还不能替代的手工操作,并将加工好的模具零件按图纸装配、调试、最后制造出合格的产品。

模具钳工工作内容很广,以手工操作为主。如钳工常用设备的使用、各类钳工工具的使用、各类量具的使用;模具零件划线、孔的加工、修配、研磨与抛光、装配、维修与改造等。

2.1.2　模具钳工工具分类

在模具制造、维修及拆装过程中经常使用各种钳工手工工具,如拆装工具、划线工具、夹紧工具、抛光工具等。熟练、灵活运用这些工具是提高生产效率、提高装配及维修质量的有效手段。常用模具钳工手工工具分类如表2.1。

其他常用钳工工具,如钳工工作台、钢锯架和锯条、刮刀、摇臂钻、手电钻、錾子、铁剪、丝锥和绞杠、板牙和板牙绞杠、砂轮机等。

本书仅对常用模具拆装工具展开探讨,有关钳工见我们的其他教材。

表 2.1

类　别	内　容
拆装工具	如扳手、螺钉旋具、手钳、手锤、铜棒、撬杠、卸销工具、吊装工具等
划线工具	如划线平台、划针、划规、划线盘、万能分度头、角尺、钢板尺、游标高度尺、样冲等
夹紧工具	如台虎钳、机用平口钳、压板、螺栓及垫铁、手虎钳等
修整、抛光工具和材料	如锉刀、磨头、研磨机、磨光机、油石、砂布、砂纸、羊毛毡抛光轮、金刚石抛光膏、抛光油、纸巾、棉花等

2.2　模具拆装概述

模具拆装是模具制造及维护过程中的重要环节。

一方面，模具本身是组合装备，模具零件加工后必须经过装配才能使用。由于受到设计水平和加工水平的制约，模具零件在加工完成后往往不能一次装配成功。为减少装配风险，在加工非标准零件时，常常故意留用一定的配模余量，再通过钳工反复配模，从而达到理想的装配效果。配模对模具的最终品质有直接的影响。

另一方面，模具在使用过程中的维修和维护也需要通过拆装才能实现。例如，由于设计、加工或使用不当造成模具损坏，如热流道浇口堵塞、排气槽堵塞、水(油、气)路泄漏等，都需要通过拆装进行维修。

因此，模具拆装不仅是模具教学中的有效手段，更是模具制造岗位必须掌握的工作技能。

2.2.1　模具装配

1. 模具装配概念

将完成全部加工，经检验符合图纸和有关技术要求的模具标准件、标准模架、成型件、结构件，按总装配图的技术要求和装配工艺顺序逐件进行配合、修整、安装和定位，经检验合格后，加以连接和紧固，使之成为整套模具的过程称为模具装配。

模具装配一般有以下几种情况：

1)模具已经装配过

模具零件不是新加工并且未失效的零件，在模具装配时可直接安装。

2)装配时无需配模

模具零件按设计图纸的标准尺寸加工，加工完成之后可直接安装，即加工好的零件在装配时不需要通过钳工的配模来达到零件之间较理想的配合。

3)装配时需要钳工配模

模具零件在加工时未按图纸加工，而是留有一定的配模余量，在装配时需要钳工配模后才能达到理想的装配状态。

下面对装配时需要钳工配模的情况进行举例说明。

① 热流道的封胶位、头部位锥形的阀针。

② 非标隔水片尾部为固定用，需要配模。

③ 镶块与基体的配合。

④ 顶块、斜顶块、滑块与模腔的配合。

⑤ 模腔中的对插面,分型面等封胶面的配合。

以上所诉为典型的需要配模的零件。一般安装标准件时,不会对标准件进行修配。一般直面配合由机床保证。上面举例的配模均为手工配模(手工配模指在配模时由钳工保证加工精度,且加工时均使用钳工工具而不使用车、铣、磨等机床)。

2．模具装配的精度要求

为保证模具及其成型产品的质量,对模具装配应有以下几方面的精度要求:

① 模具零部件间应满足一定的相互位置精度

如同轴度、平行度、垂直度、倾斜度等。

② 活动零件应有相对运动精度要求

如各类机构的转动精度、回转运动精度以及直线运动精度等。

③ 导向、定位精度

如动模与定模或上模与下模的开合运动导向、型腔(凹模)与型芯(凸模)安装定位及滑动运动的导向与定位等。

④ 配合精度与接触精度

配合精度主要指相互配合的零件表面之间应达到的配合间隙或过盈程度;如型腔与型芯、镶块与模板孔的配合、导柱、导套的配合及与模板的配合等。

接触精度是指两配合与连接表面达到规定的接触面积大小与实际接触点的分布程度;如分型面上接触点的均匀程度、锁紧楔斜面的接触面积大小等。

⑤ 其他方面的精度要求

如模具装配时的紧固力、变形量、润滑与密封等;以及模具工作时的振动、噪声、温升与摩擦控制等,都应满足模具的工作要求。

3．模具装配的技术要求

1)模具外观技术要求

① 装配后的模具各模板及外露零件的棱边均应进行倒角或倒圆,不得有毛刺和锐角;各外观表面不得有严重划痕、磕伤或黏附污物;也不应有绣迹或局部未加工的毛坯面。

② 按模具的工作状态,在模具适当平衡的位置应装有吊环或起吊环;多分型面模具应用锁紧板将各模具锁紧,以防运输过程中活动模板受震动而打开造成损伤。

③ 模具的外形尺寸、闭合高度、安装固定及定位尺寸、顶出方式、开模行程等均应符合设计图纸要求,并与所使用设备参数合理匹配。

④ 模具应有标记号,各模板应打印顺序编号及加工与装配基准角的印记。

⑤ 模具动、定模的连接螺钉要紧固牢靠,其头部不得高出模板平面。

⑥ 模具外观上的各种辅助机构如限制开模顺序的拉钩、摆杆、锁扣及冷却水嘴、液压与电气元件等,应安装齐全、规范、可靠。

2)模具装配技术条件

不同种类的模具,其装配的工作内容和精度要求不同。为保证模具的装配精度,国家标准已规定了冲压模具、塑料注射模具和金属压铸模具的装配技术条件,具体规定参见相关国家标准。

4. 模具装配的工作内容

模具装配是由一系列的装配工序按照合理的工艺顺序进行的,不同类型的模具,其结构组成、复杂程度及精度要求都不同,装配的具体内容和要点也不同,但通常应包括以下主要内容:

1)清洗与检测

全部模具零件装配之前必须进行认真的清洗,以去除零部件内、外表面黏附的油污和各种机械杂质等。清洗工作对保证模具的装配精度和质量,以及延长模具的使用寿命都具有重要意义。尤其对保证精密模具的装配质量更为重要。

模具钳工装配前还应对主要零部件进行认真检测,了解哪些是关键尺寸,哪些是配合与成型尺寸,关键部位的配合精度等级及表面质量要求等,以防将不合格零件用于装配而损伤其他零件。

2)固定与联接

模具装配过程中有大量的零件固定与联接工作。模具零件的联接可分为可拆卸联接与不可拆卸联接两种。

可拆卸联接在拆卸相互联接的零件时,不应损坏任何零件,拆卸后还可重新装配联接,通常采用螺纹和销钉联接方式。

不可拆卸的联接在被联接的零件使用过程中是不可拆卸的,常用的不可拆卸联接方式有焊接、铆接和过盈配合等,应用较多的是过盈配合。

3)装配过程中的补充加工与抛光

模具零件装配之前,并非所有零件的几何尺寸与形状都完全一次加工到位。尤其在塑料模具和金属压铸模具装配中,有些零件需留有一定加工余量,待装配过程中与其他相配零件一起加工,才能保证其尺寸与形状的一致性要求。有些则是因材料或热处理及结构复杂程度等因素,要求装配时进行一定的补充加工。

零件成型表面的抛光也是模具装配过程中的一项重要内容,形状复杂的成型表面或狭小的窄缝、沟槽、细小的盲孔等局部结构都需钳工通过手工抛光来达到最终要求的表面粗糙度。

4)调整与研配

模具装配不是简单的将所有零件组合在一起,而是需钳工对这些具有一定加工误差的合格零件,按照结构关系和功能要求进行有序的装配。

由于零件尺寸与形状误差的存在,装配中需不断地调整与修研。

研配是指对相关零件进行的适当修研、刮配或配钻、配铰、配磨等操作。修研、刮配主要是针对成型零件或其他固定与滑动零件装配中的配合表面或尺寸进行修刮、研磨,使之达到装配精度要求。配钻、配铰和配磨主要用于相关零件的配合或联接装配。

5)模具动作检验

组成模具的所有零件装配完成后,还需根据模具设计的功能要求,对其各部分机构或活动零部件的动作进行整体联动检验,以检查其动作的灵活性、机构的可靠性和行程与位置的准确性及各部分运动的协调性等要求。

除上述主要内容外,模具现场试模及试模后的装卸与调整、修改等,也属模具装配内容的一部分。

2.2.2 模具拆卸

模具拆卸为模具装配的逆过程，即将模具零件从已装配的组件上逐件拆卸。

一般对在生产中的模具零件进行拆卸主要是在模具装配的配模时和对模具进行维修、维护或更换某些零件。下面对拆卸的各方面影响因素进行详细说明。

1. 配模时对模具零件的拆卸

在配模时，一般需要多次的安装与拆卸才能达到理想的装配状态。

2. 管理疏忽而造成的安装过程出错

比如动定模都已安装好时却发现某个零件还未安装，这时就需要将安装好的零件拆卸掉，直到能安装前面漏装的零件为止。

3. 设计错误、加工不当和未按使用说明书操作、维护

以下列出一些由于设计错误、加工不当和未按使用说明书操作、维护等造成的一些对模具的损害，从而需要通过拆卸来修理相关零件。

1）浇口堵塞

如由于使用含有异物或回料过多的塑料原料极易造成浇口堵塞。

2）排气槽堵塞

如由于镶块间隙太大，塑件飞边进入间隙将间隙堵塞从而造成无法排气。

3）水路、油路、气路有泄露

如密封圈安装不当，堵头安装时密封带不足等。

4）顶出系统零部件卡死或插伤

如设计不当、顶杆孔加工精度不好、供应商顶杆质量差、安装精度不好、导向零件精度不高等。

5）导向定位系统磨损过度

如由于受力不均匀出现位置偏差造成单侧过度磨损、加工精度未达到要求、导向两侧温度相差过大造成膨胀量不一致等。

6）斜导柱断裂

如设计时斜导柱强度不足、导向系统卡死、滑块限位失效等。

7）弹簧失效

如设计时考虑的寿命不足、使用过程中维护不当等。

8）小镶件、镶针等出现弯曲变形或断裂

如成型压力很高，小镶件、镶块常有对插面设计强度不足等。

9）零件的锈蚀与磨损

如模具工作环境潮湿、摩擦面未润滑、零件加工表面过于粗糙等。

由于影响因素太多，这里不再详细说明，以上所诉为实际中经常出现的问题。以下列出一些上面所列之外的较为常见的问题：型芯插穿面出现伤痕、磨损、烧损、凹陷，镜面抛光部位出现伤痕、腐蚀，电镀层脱落，浇口的磨损、变形，模框的翘曲、变形等，都会影响模具的拆卸。

2.3　如何选择适合的拆装案例

如何选择适合的拆装案例,在模具拆装教学或培训中,使其快速有效地学好模具拆装专业知识与实践操作能力,它的重要性可想而知。那么该如何选择呢? 下面列出选择时需注意的一些要点。

1. 典型

拆装案例模具在企业实际生产中应广泛应用,并应能反映模具结构的典型性。如注塑模具的典型两板模、典型三板模、典型侧向分型与抽芯机构(热流道)等。

2. 真实

所选案例需保证与实际生产模具的一致性,能反映模具的真实情况(需注意由于时间原因而造成的不同)。如模具零件不完整、模具结构过时不合理等。

3. 易拆装

模具易拆装不管是在教学培训中选择拆装案例,还是在企业模具设计与制造方面,都显得尤为重要。如模具拆装不方便会延长拆装时间,从而导致教学培训效果不佳、质量下降以及成本提高等,更严重的是不懂怎样的模具结构才能易拆装。

4. 可复制

虽然实物模型能直观地表达模具的真实结构与形状,但显然在教学培训中存在很多不足,如教学难度高、强度大、成本高、品种有限难以更新等,更重要的是它的不可复制性。

如何解决模具拆装可复制性问题就显得尤为重要,采用计算机辅助模具虚拟拆装是解决这一问题的有效途径。

2.4　常用拆装工具与操作

模具常用的拆装工具有扳手、螺钉旋具、手钳、手锤、铜棒、撬杠、卸销工具、吊装工具等。下面将分别进行展开探讨。

2.4.1　扳手

模具拆装常用的扳手有内六角扳手、套筒扳手、活扳手等。

1. 内六角扳手

【用途】专门用于拆装标准内六角螺钉。

【规格】(GB/T 5356—1998)

【操作要点】常用的几种内六角扳手与内六角螺钉配合应牢记,最好能做到有目测的能力,一看就知。如2.5配M3、3配M4、4配M5、6配M8、8配M10、10配M12、12配M14、14配M16、17配M20、19配M24、22配M30等。

另外,还有内六角花形扳手,柄部与内六角扳手相似,是拆卸内六角花形螺栓的专用工具。

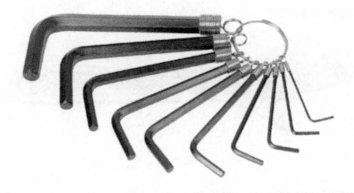

图 2.1

公称尺寸	长脚长度	短边长度	实验扭矩 N·m		公称尺寸	长脚长度	短边长度	实验扭矩 N·m	
s/mm	L/mm	H/mm	普通级	增强级	s/mm	L/mm	H/mm	普通级	增强级
2	50	16	1.5	1.9	12	125	45	305	370
2.5	56	18	3.0	3.8	14	140	56	480	590
3	63	20	5.2	6.6	17	160	63	830	980
4	70	25	12.0	16.0	19	180	70	1140	1360
5	80	28	24.0	30.0	22	200	80	1750	2110
6	90	32	41.0	52.0	24	224	90	2200	2750
7	95	34	65.0	78.0	27	250	100	3000	3910
8	100	36	95.0	120	32	315	125	4850	6510
10	112	40	180	220	36	355	140	6700	9260

注：公称尺寸相当于内六角螺钉的内六角孔的对边尺寸。

2. 套筒扳手

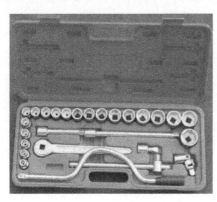

图 2.2

套筒扳手的套筒头规格以螺母或螺栓的六角头对边距离来表示，分手动和机动（气动、电动）两种类型，手动套筒工具应用较广泛。一般以成套（盒）形式供应，也可以单件形式供应。由各种套筒（头）、传动附件和连接件组成，除具有一般扳手拆装六角头螺母、螺栓的功能外，特别适用于空间狭小、位置深凹的工作场合。

3. 活板手(活络扳手)

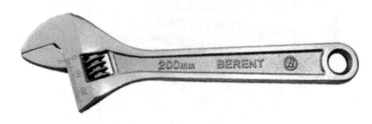

图 2.3

【用途】开口宽度可以调节,可用来拆装一定尺寸范围内的六角头或方头螺栓、螺母。该扳手具有通用性强、使用广泛等优点,但使用不方便,拆装效率不高,导致专业生产与安装的不适合。

【规格】(GB/T 4440—1998)

总长度/mm	100	150	200	250	300	375	450	600
最大开口宽度/mm	13	18	24	30	36	46	55	65
实验扭矩/N·m	33	85	180	320	515	920	1370	1975

4. 扳手操作要点

在使用扳手时,应优先选用标准扳手,因为扳手的长度是根据其对应的螺栓所需的拧紧力距而设计的,力距比较适合,不然将会损坏螺纹。如拧小螺栓(螺母)使用大扳手、不允许管子加长扳手来拧紧的螺栓而使用管子加长扳手来拧紧等。

通常 5 号以上的内六角扳允许使用长度合理的管子来接长扳手(管子一般企业自制)。拧紧时应防止扳手脱手,以防手或头等身体部位碰到设备或模具而造成人身伤害。

2.4.2 螺钉旋具(螺丝刀)

模具拆装常用的螺钉旋具有一字槽螺钉旋具、十字槽螺钉旋具、多用螺钉旋具、内六角螺钉旋具等。

1. 一字槽螺钉旋具

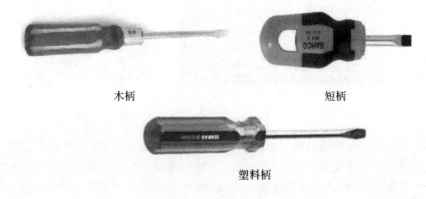

木柄   短柄

塑料柄

图 2.4

【用途】用于紧固或拆卸各种标准的一字槽螺钉。木柄和塑柄螺钉旋具分普通和穿心式两种。穿心式能承受较大的扭矩,并可在尾部用手锤敲击。旋杆设有六角形断面加力部分的螺钉旋具能相应的扳手夹住旋杆扳动,以增大扭矩。

【规格】(GB 10639—89)

型式	木柄或塑料柄									短柄	
旋杆长度/mm	50	75	100	125	150	200	250	300	350	25	40
工作端口宽/mm	2.5	4	4	5.5	6.5	8	10	13	16	5.5	8
工作端口厚/mm	0.4	0.6	0.6	0.8	1	1.2	1.6	2	2.5	0.8	1.2
旋杆直径/mm	3	4	5	6	7	8	9	9	11	6	8
方形旋杆边宽/mm	5			6		7		8		6	7

2. 十字槽螺钉旋具

图 2.5

【用途】用于紧固或拆卸各种标准的十字槽螺钉。形式和使用与一字槽螺钉旋具相似。

【规格】(GB 1065—89)

旋杆槽号	旋杆长度/mm	旋杆直径/mm	方形旋杆边宽/mm	适用螺钉直径/mm
0	75	3	4	≤M2
1	100	4	5	M2.5,M3
2	150	6	6	M4,M5
3	200	8	7	M6
4	250	9	8	M8,M10

3. 多用螺钉旋具

【用途】用于旋拧一字槽、十字槽螺钉及木螺钉,可在软质木料上钻孔,并兼做测电笔用。

【规格】

十字槽号	件数	带柄总长/mm	一字槽旋杆头宽/mm	钢锥(把)	刀片(片)	小锤(只)	木工钻直径/mm	套筒/mm
1.2	6		3,4,6	1	—	—	—	—
1.2	8	230	3,4,5,6	1	1	—	—	—
1.2	10		3,4,5,6	1	1	1	6	6.8

图 2.6

4. 内六角螺钉旋具

图 2.7

【用途】专用于旋拧内六角螺钉。

【规格】(GB 5358—85)

型号	T40				T30		
旋杆长度/mm	100	150	200	250	125	150	200

5. 螺钉旋具操作要点

使用旋具要适当,对十字形槽螺钉尽量不用一字形旋具,否则拧不紧甚至会损坏螺钉槽。一字形槽的螺钉要用刀口宽度略小于槽长的一字形旋具。若刀口宽度太小,不仅拧不紧螺钉,而且易损坏螺钉槽。对于受力较大或螺钉生锈难以拆卸的时候,可选用方形旋杆螺钉旋具,以便能用扳手夹住旋杆扳动,增大力矩。

2.4.3　手钳

模具拆装常用的手钳有管子钳、尖嘴钳、大力钳、卡簧钳、钢丝钳等。

1. 管子钳(管子扳手)

图2.8

【用途】用于紧固或拆卸各种管子、管路附件或圆形零件。为管路安装和修理常用工具。其钳体用可锻铸铁(或碳钢)制造外。另有铝合金制造,其特点是重量轻,使用轻便,不易生锈。在拆装大型模具时也经常使用。

【规格】(GB 8406—87)

全长 L/mm	150	200	250	300	350	450	600	900	1200
夹持管子外径 $D\leqslant$/mm	20	25	30	40	50	60	75	85	110

【操作要点】

管子钳夹持力很大,但容易打滑及损伤工件表面,当对工件表面有要求的,需采取保护措施。使用时首先把钳口调整到合适位置,即工件外径略等于钳口中间尺寸,然后右手握柄,左手放在活动钳口外侧并稍加使力,安装时顺时针旋转,拆卸时逆时针旋转,而钳口方向与安装时相反。

2. 尖嘴钳

图2.9

【用途】用于在狭小工作空间夹持小零件和切断或扭曲细金属丝,为仪表、电讯器材、家用电器等的装配、维修工作中常用的工具。

【规格】(GB/T 2440.1—1999)分柄部带塑料套与不带塑料套两种。

全长(mm):125,140,160,180,200。

3. 大力钳(多用钳)

【用途】用于夹紧零件进行铆接、焊接、磨削等加工,也可做扳手使用,是模具或维修钳工经常使用的工具。其特点是钳口可以锁紧,并产生很大的夹紧力,使被夹紧零件不会松脱;而且钳口有多挡调节位置,供夹紧不同厚度零件使用。

【规格】长度(mm):100,125,150,175*,250*,350(*表示最常用规格)。

【操作要点】使用时应首先调整尾部螺栓到合适位置,通常要经过多次调整才能达到最佳位置。容易损伤圆形工件表面,夹持此类工件时应注意。

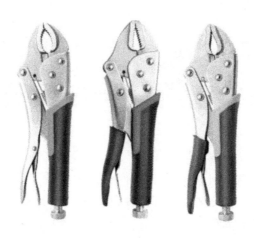

图 2.10

4. 挡圈钳(卡簧钳)

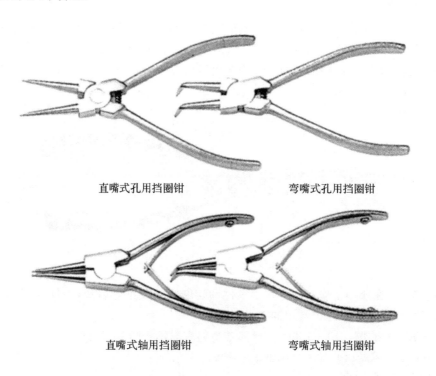

直嘴式孔用挡圈钳　　　　　　弯嘴式孔用挡圈钳

直嘴式轴用挡圈钳　　　　　　弯嘴式轴用挡圈钳

图 2.11

【用途】专供拆装弹性挡圈用。由于挡圈有孔用、轴用之分以及安装部位的不同,可根据需要,分别选用直嘴式或弯嘴式、孔用或轴用挡圈钳。

【规格】(JB/T 3411.47—1999)

全长(mm):125,175,225。

【操作要点】安装挡圈时把尖嘴插入挡圈孔内,用手用力握紧钳柄,轴用挡圈即可张开,内孔变大,此时可套入轴上挡圈槽内,然后松开;而孔用挡圈内孔变小,此时可放入孔内挡圈槽内,然后松开。挡圈弹性回复,即可稳稳地卡在挡圈槽内。拆卸挡圈过程为安装时的逆顺序。

5. 钢丝钳

图 2.12

【用途】用于夹持或弯折薄片形、圆柱形金属零件及切断金属丝,其旁刃口也可用于切断金属丝。

【规格】(GB 6295.1—86)分柄部不带塑料套(表面发黑或镀铬)和带塑料套两种。
全长(mm):160,180,200。

2.4.4 吊装工具和配件

模具拆装常用的吊装工具和配件有吊环螺钉、钢丝绳、手拉葫芦、钢丝绳电动葫芦等。

1. 吊环螺钉

图 2.13

【用途】吊环螺钉配合起重机,用于吊装模具、设备等重物,是重物起吊不可缺少的配件。
【规格】(GB 825—88)以螺钉头部螺纹大小来定义规格。

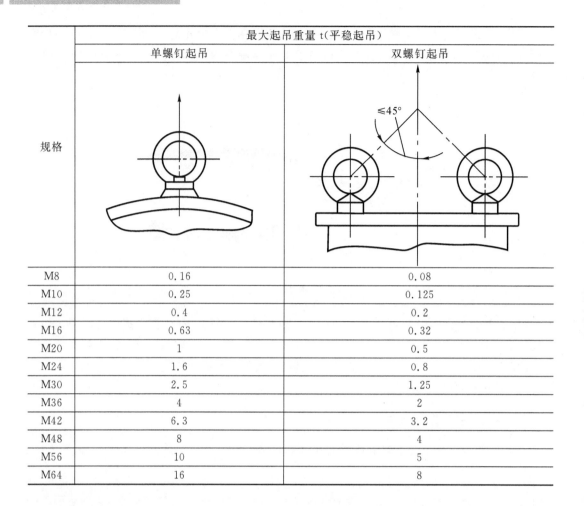

规格	最大起吊重量 t（平稳起吊）	
	单螺钉起吊	双螺钉起吊
M8	0.16	0.08
M10	0.25	0.125
M12	0.4	0.2
M16	0.63	0.32
M20	1	0.5
M24	1.6	0.8
M30	2.5	1.25
M36	4	2
M42	6.3	3.2
M48	8	4
M56	10	5
M64	16	8

【操作要点】安装时一定要旋紧，保证吊环台阶的平面与模具零件表面贴合。吊环大小的选用和安装最好按照标准件供应商提供的参数。要保证吊环的强度足够以确保安全。

2. 钢丝绳

【特点】

① 钢丝是由碳素钢钢丝制成，挠性好，强度高，弹性大，能承受冲击性载荷；破断前，有断丝预兆，整根钢丝不会立即折断等优点。

② 钢丝绳在相同直径时，股内钢丝愈多，钢丝直径愈细则绳的挠性也就越好，易于弯曲；但细钢丝捻制的钢丝绳不如粗钢丝捻制的耐磨损。

图 2.14

【用途】主要用于吊运，拉运等需要高强度线绳的吊装和运输中。在滑车组的吊装作业中，多选用交互捻的钢丝绳；要求耐磨性较高的钢丝绳，多用粗丝同向捻制的钢丝绳，不但耐磨，而且挠性好。

【规格】钢丝绳在各工业国家中都是标准产品，可按用途需要选择其直径、绳股数、每股钢丝数、抗拉强度和足够的安全系数，它的规格型号可在有关手册中查得。

【操作要点】

① 为了安全,用于吊装的钢丝绳应该要有足够的强度,在用两个吊环吊装时要注意钢丝绳之间的夹角最大不可超过 90°,而且越小越好。

② 使用时应防止各种情况下钢丝的扭曲、扭结,股的变位,致使钢丝绳发生折断的现象。

③ 在使用前和使用中,应经常注意检查有无断丝现象,以确保安全。

④ 在吊装过程中,不应有冲击性动作,确保安全。

⑤ 防止锈蚀和磨损,应经常涂抹油脂,勤于保养。

⑥ 操作人员应戴上防护手套后使用钢丝绳,以免损伤手。

3. 手拉葫芦

图 2.15

【用途】供手动提升重物用,是一种使用简单、携带方便的手动起重机械。多用于工厂、矿山、仓库、码头、建筑工地等场合,特别适用于流动性及无电源的露天作业。

【规格】(JB/T 7334—1994)

最大起重量/t	0.5	1	1.6	2	2.5	3.2	5	8	10	16	20	32
起身高度/m	2.5					3						
两钩间最小间距 Z 级/mm	330	360	430	500	530	580	700	850	950	1200	1350	1600
两钩间最小间距 Q 级/mm	350	400	460	530	600	700	—					

注:Z 级为满载使用,Q 级为轻载不经常使用。两钩间最小距离指下钩上升至极限工作位置时,上、下两钩腔内缘之间距。

【操作要点】

① 严禁超载使用和用人力以外的其他动力操作。

② 在使用前须确认机件完好无损,传动部分及起重链条润滑良好,空转情况正常。

③ 起吊前检查上、下吊钩是否挂牢,严禁重物吊在尖端等错误操作。起重链条应垂直悬挂,不得有错扭的链环,双行链的下吊钩架不得翻转。

④ 在起吊重物时,严禁人员在重物下做任何工作或行走,以免发生人身事故。

⑤ 在起吊过程中,无论重物上升或下降,拽动手链条时,用力应均匀和缓,不要用力过猛,以免手链条跳动或卡环。

⑥ 操作者如发现手拉力大于正常拉力时,应立即停止使用。

4. 钢丝绳电动葫芦

【用途】钢丝绳电动葫芦是一种小型起重设备,具有结构紧凑、重量轻、体积小,零部件通用性强,操作方便等优点。它既可以单独安装在工字钢上,也可以配套安装在电动或手动单梁、双梁、悬臂、龙门等起重机上使用,用于设备、物料等重物的起身。

【规格】起重量(t):0.1,0.25,0.32,0.5,1.2,3,5,8,10,16,32,50,63。

【操作要点】与手拉葫芦操作要点相似。

2.4.5 其他常用的模具拆装工具

其他常用的模具拆装工具有手锤、铜棒、撬杠、卸销工具等。

图 2.16

1. 手锤

常用手锤有圆头锤(圆头榔头、钳工锤)、塑顶锤、铜锤头等。

1)圆头锤

图 2.17

【用途】钳工做一般锤击用。

【规格】(QB/T 1290.2—91)市场供应分连柄和不连柄两种。

重量(不连柄,kg):0.11,0.22,0.34,0.45,0.68,0.91,1.13,1.36。

2)塑顶锤

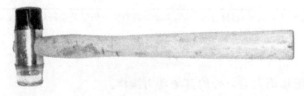

图 2.18

【用途】用于各种金属件和非金属件的敲击、装卸及无损伤成形。

【规格】锤头质量(kg):0.1,0.3,0.5,0.75。

3)铜锤

图 2.19

【用途】钳工、维修工作中用以敲击零件,不损伤零件表面。

【规格】(JB 3463—83)

铜锤头质量(kg):0.5,1.0,1.5,2.5,4.0。

4)手锤操作要点

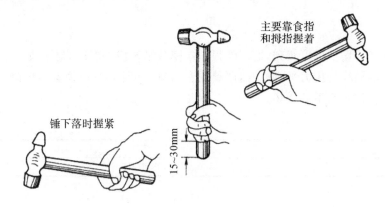

图 2.20

握锤子主要靠拇指和食指,其余各指仅在锤击时才握紧,柄尾只能伸出 15～30mm,如图 2.20 所示。

2. 铜棒

图 2.21

铜棒是模具钳工拆装模具必不可少的工具。在装配修磨过程中,禁止使用铁锤敲打模具零件,而应使用铜棒打击,其目的就是防止模具零件被打至变形。使用时用力要适当、均匀,以免安装零件卡死。

铜棒材料一般采用紫铜,规格通常为:直径×长度＝20mm×200mm、30mm×220mm、40mm×250mm 等。

3. 撬杠

撬杠主要用于搬运、撬起笨重物体,而模具拆装常用的有通用撬杠和钩头撬杠。

1)通用撬杠

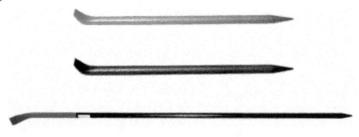

图 2.22

通用撬杠在市场上可以买到,通用性强。在模具维修或保养时,对于较大或难以分开的模具用撬杠在四周均匀用力平行撬开,严禁用蛮力倾斜开模,造成模具精度降低或损坏,同时要保证模具零件表面不被撬坏。

【规格】

直径/mm	20,25,32,38
长度/mm	500,1000,1200,1500

2)钩头撬杠

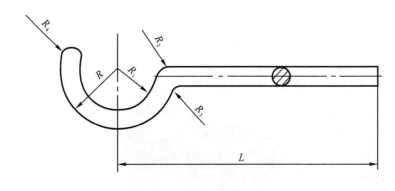

图 2.23

钩头撬杠专门用于模具开模,尤其适合冲压模具的开模,通常一边一个成对使用,均匀用力。当开模空间狭小时,钩头撬杠无法进入,此时应使用通用撬杠。

钩头撬杠直径规格为 15mm、20mm、25mm。钩头部位尺寸 R_2、R_3 弯曲时自然形成,R_4 修整圆滑,R_1 根据撬杠直径粗细取 30~50mm。长度规格 L 为 300mm、400mm、500mm。

4. 卸销工具

拔销器和起销器都是取出带螺纹内孔销钉所用的工具,主要用于盲孔销钉或大型设备、大型模具的销钉拆卸。既可以拔出直销钉又可以拔出锥度销钉。当销钉没有螺纹孔时,需钻攻螺纹孔后方能使用。

1)拔销器

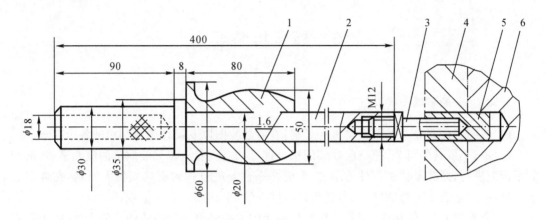

1—冲击手柄　2—冲击杆　3—双头螺栓　4—工件　5—带螺孔销钉　6—工件

图 2.24

拔销器市场上有销售,但大多数是企业按需自制,使用时首先把拔销器的双头螺栓 3 旋入销钉 5 螺纹孔内,深度足够时,双手握紧冲击手柄到最低位置,向上用力冲撞冲击杆台肩,反复多次冲击即可取出销钉,起销效率高。但是,当销钉生锈或配合较紧时,拔销器就难以拔出销钉。

2)起销器

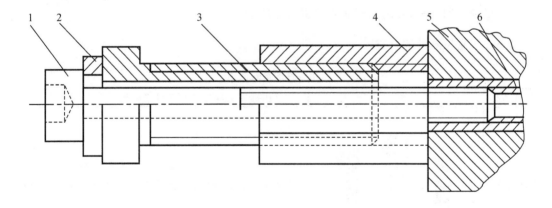

1—内六角螺栓(或六角头螺栓)　2—垫圈　3—六角头空心螺杆　4—加长六角螺母
5—工件　6—带螺纹孔销钉

图 2.25

当拔销器拔不出销钉时需用起销器,起销器的组成如图 2.25 所示。使用时首先测量销钉内螺纹尺寸;找出与之配合的内六角螺栓(或六角头螺栓)1 及垫圈 2,长度适中;调整螺杆3 与螺母 4 的配合长度;把螺栓穿入垫圈、螺杆、螺母内,然后用手拧入销钉 6 螺纹孔内 6～8mm,此时螺栓开始受力,用扳手如力即可慢慢拔出销钉。在拔出销钉过程中,应不断调整螺杆与螺母的配合高度,防止螺栓顶底后破坏销钉螺纹孔。

2.5 模具拆装要点

2.5.1 一般事项

(1)装配之前要先对整副模具进行了解,看清总装图以及设计师所制定的各个要求。

(2)中、小模具的组装、总装应在装配机上进行,方便、安全。无装配机的应在平整、洁净的平台上进行,尤其是精密部件的组装,更应在平台上进行。大模具或特大模具,在地面上装配时,一是地面要平整洁净,二是要垫以高度一致,平整洁净的木板或厚木板。

(3)所有成型件、结构件、配购的标准件和通用件都必须是经检验确认的合格品,否则不允许进行装配。

(4)装配的所有零部件,均应经过清洗、擦干。有配合要求的,装配时需涂以适量的润滑油。

(5)一般的在装配有定位销定位的零件时要先安装好定位销之后再拧螺钉进行紧固。

(6)拆装过程中不允许用铁锤直接敲打模具零件(应垫以洁净的木方或木板),应使用木质或铜质的榔头或紫铜棒,防止模具零件变形。在敲打装配件时要注意用力的平稳,防止装配件敲打时卡死。

(7)拆出的零部件要分门别类,及时放入专门盛放零件的塑料盒中,以免丢失。

(8)正确使用工具,使用完毕后需放置指定位置。

2.5.2 常见零件的拆装

常用零件的拆装要点

零件名称	图片	常用拆装工具	拆装注意事项
内六角螺钉		内六角扳手、套筒	螺钉要拧得足够紧,套筒延长的长度要适当,最好能按照供应商的标准执行。

零件名称	图片	常用拆装工具	拆装注意事项
定位销		铜棒、榔头、卸销工具、管子钳	定位销一般为过渡配合,在用铜棒敲打时要注意受力的平稳性,防止卡死。若用榔头敲打需加铜板垫在定位销之上。在卸销时可用比定位销细的铜棒顶住定位销后用榔头敲打。有螺纹定位销盲孔应使用专门的卸销工具,或使用管子钳,但须垫上抹布等,以防定位销表面出现伤痕。
定位圈		铜棒	定位圈一般为间隙配合。但是在安装时孔位常会对不准,所以需要用铜棒将孔位敲正。
浇口套		铜棒	浇口套前端一般为过渡配合或做成锥面。在用铜棒敲打时要注意受力的平稳性,防止卡死。
水路快速接头		内六角扳手、活扳手、密封带	在安装前要先检查接头和水孔所攻管螺纹是否已达到标准,特别注意螺牙高度是否足够。在拧紧时用力不可过大,以免造成管螺纹的损坏。安装完成后要检查是否漏水。
水路转接头		内六角扳手、活扳手、密封带	在安装前要先检查接头和水孔所攻管螺纹是否已达到标准,特别注意螺牙高度是否足够。在拧紧时用力不可过大,以免造成管螺纹的损坏。旋入后还要注意接头的朝向是否利于水管连接。安装完成后要检查是否漏水。
水路堵头		内六角扳手、密封带	在安装前要先检查接头和水孔所攻管螺纹是否已达到标准,特别注意螺牙高度是否足够。在拧紧时用力不可过大,以免造成管螺纹的损坏。安装完成后要检查是否漏水。

零件名称	图片	常用拆装工具	拆装注意事项
密封圈		手工	因密封圈为橡胶制品,有较大的弹性变形量,且容易破损,故在安装时要确定好型号,并且检查密封圈的安装位置是否有尖角和异物。
隔水片		内六角扳手、手钳、密封带	一般隔水片有两种类型,一种是隔水片和堵头连在一起的,另一种是隔水片没有堵头的。在安装前要先检查接头和水孔所攻管螺纹是否已达到标准,特别注意螺牙高度是否足够。在拧紧时用力不可过大,以免造成管螺纹的损坏。在拧入隔水片时要注意冷却水的流动方向。
模板		吊环螺钉、钢丝绳、行车、铜棒	安装时要注意平稳性,不要让模板单侧受力,在用螺钉紧固时不可一颗螺钉一直拧到咬紧再拧下一颗。
型芯、型腔		吊环螺钉、钢丝绳、行车、铜棒	安装时要注意平稳性,不要让模板单侧受力,在用螺钉紧固时不可一颗螺钉一直拧到咬紧再拧下一颗。要注意保护成型表面。在将型芯型腔装入模框需要敲打时要在工艺平台上敲打,不可直接敲打分型面或成型面。
导套		铜棒	装配前要先对导套的安装孔进行全面检查和清理,不可有任何毛刺和异物,在安装时导套不可出现倾斜,最好能在导套外侧加油润滑之后再安装。

零件名称	图片	常用拆装工具	拆装注意事项
导柱		铜棒	装配前要先对导柱的安装孔进行全面检查和清理,不可有任何毛刺和异物,在安装时导柱不可出现倾斜,最好能在导柱外侧加油润滑之后再安装。
顶针		铜棒	安装前要检查顶针和顶针孔是否是相对应的,一般会对顶针进行编号以便于安装。一般安装时需将顶针固定板通过推板导柱的定位作用与动模板对好位置之后再将顶针一根一根的装入(详见 3D 拆装过程),在一些模具较小顶针较少的情况下顶针可在顶针固定板上安装好之后同时装入动模板。顶针装配时原则上要自由的插入顶针孔,但是实际加工精度较难达到自由插入的要求,所以在安装时经常用铜棒敲入,但是在敲打时用力要适当,一定的力量无法敲入时最好能仔细查明原因再装配。

2.5.3 特殊零件的拆装

特殊零件的拆装要点

零件名称	图片	常用拆装工具	拆装注意事项
热流道		红丹、内六角扳手、铜棒	安装前要清理模板上所有异物和毛刺,并仔细检查安装孔的深度和孔位。需要封胶的部位要涂红丹检查配合面以确保不漏胶。电线的安放要整齐,并且要保证电线不被划破。
插座		内六角扳手	安装前先确定装在模具上的是要公插还是母插,电线与插座连接时要注意绝缘,确保不会漏电。在将感温的热电偶的电线接到插座上时要将热电偶的正负极区分开,并须保证与温控箱接线方式一致。

零件名称	图片	常用拆装工具	拆装注意事项
油缸		内六角扳手、活扳手	油缸安装在模具上时要牢固可靠,安装前要仔细检查安装位置的加工情况,要清除异物和毛刺。油缸拉杆和负载力的方向要有足够好的平行度保证,避免油缸在工作过程中因受侧向力而过度磨损。

2.6 安全问题

2.6.1 人身安全

人身安全是模具拆装的第一要点!在装配操作过程中应严格按照规范进行,当自己无法确定安全的情况时应及时向有经验的模具工程师咨询。以下是一些常用的安全规范:

(1)拆装前要先检查拆装工具是否完好。

(2)当模板或模具零件质量大于25kg时就不可用手搬动,最好能用行车进行吊装。

(3)吊环安装时一定要旋紧,保证吊环台阶的平面与模具零件表面贴合。吊环大小的选用和安装最好按照标准件供应商提供的参数。

(4)拆装有弹性的零件(如弹簧)时,要防止弹性零件突然弹出而造成人身伤害。

(5)安装电线时要先检查电线是否完好,胶皮是否有脱落。安装时要保证电线胶皮不被模具尖锐外形划破。在接头处要有很好的绝缘措施。

(6)安装液压元件和液压管道时,要保证液压元件和液压管道所能承受的压力大于设备对此管路所提供的压力,并且保证不漏油。因为液压管路的压力一般是比较大的,所以要特别的注意。

(7)对于布置了气道的模具(如:吹塑模、气辅模、气体顶出或气体辅助顶出的注塑模等),保证气体管路的密封性和畅通性对于人身安全(特别是模塑工)是相当重要的,而且漏气经常会制造很大的噪声。

(8)在安装油路、气路、水路的堵头和接头时都要仔细检查管螺纹是否符合标准。防止泄露。

(9)任何时候都要严格遵守车间内的操作规程,如工具和模具零件的摆放。

(10)加强员工的安全教育和培训,树立安全第一的思想,杜绝人身事故的发生。

2.6.2 模具零件的安全

拆装过程中模具零件不能损坏、不能丢失,不能降低零件精度和表面粗糙度。以下列举一些常见的注意事项:

(1)对于镜面抛光的表面要防尘,不可用手触摸。

(2)在零件传递时,应尽量不用手握一些表面要求和精度较高的部位。

（3）零件在拆卸之后或安装之前要进行防锈防腐处理，例如水路和一些需经常接触腐蚀性物质的零件。

（4）在装夹已制造好的零件时，夹具和零件的接触面处夹具的硬度必需比零件的硬度小，最好的办法是在夹具上垫上黄铜垫片以免损伤零件表面。

（5）在安装需要经敲打装入的零件时，用于敲打的物件的硬度不可大于模具零件，例如不可用榔头，一般情况下是用铜棒。

（6）在安装螺钉时，螺钉必需拧得足够紧以保证对螺钉有足够的预载，所以在安装时经常要用套筒来加长内六角扳手的力臂，但是在安装时我们还得注意力臂不可过长，最好能够按照标准件供应商的标准去决定力臂的长度，因为如果力臂过长在拧紧时螺钉将可能因受力过大导致失效，模具就会处于非常危险的境地。

2.7　拆装效率

影响装配效率的因素很多，例如装配人员的技术水平、装配工具的先进程度、零件加工设计时的精度等。从装配方式和管理角度看，最常见的提高装配效率的方法是将模具各个组件由不同组别的人员分开安装，之后再将组件进行装配。例如：模具的动模和定模，动模可先由一组人员进行安装，当动、定模各自安装完成之后再进行总装。在动模和定模各自安装时，其中更小的组件又可分发给更小级别的小组装配，从而实现多组协同装配，并提高模具装配的标准化和专业化作业，提升装配效率。

对于拆卸主要用于模具维修或维护，所以在做模具设计时就应考虑到拆卸的方便性，从而减少模具的维修时间。

其他提高效率的方法还有很多，而且在实际生产过程中经常要在效率与质量之间做出选择，对于这些问题一般模具厂都有自己的解决办法，在此不做深入探讨。

2.8　模具的使用、维护和保管

模具的正确使用和合理维护以及管理质量的好坏是保证安全生产、产品质量、延长模具使用寿命及提高生产效率、降低生产成本的有效措施。

2.8.1　模具的使用

1. 注塑模具的使用

注塑模具使用要点和流程如下。

1）模具检查

在使用模具（试模）前，对其按模具设计要求进行全面、详细检查的重要性不容忽视。通常需检查的内容，如产品与模具的一致性、模具外观是否有损伤或锈蚀、模具各系统结构零部件是否齐备与完好、模具动作可靠等。

2）合理选择注塑机

通常情况下,模具设计之前就以确定注塑机型号。但难免在一些情况下,必须重新选用注塑机。在选用时应避免大设备安装小模具造成的浪费,也要避免小设备安装大模具造成设备或人身事故。

选用时必须对注塑机的相关技术参数进行校核,通常校核包括注塑机类型选择、合模力、注射容量、模具安装尺寸、推出机构、开模行程等内容。

3)正确安装模具

正确安装模具的步骤如下。

① 锁模机构调整。将注塑机锁模机构调整到适应模具安装的位置。

② 模具吊装。确定模具吊装方式,将模具吊到所需的位置,吊装时需注意安装方向的问题。

③ 模具紧固。紧固时需注意压紧的形式、紧固螺钉以及紧固螺钉的数量等问题。

④ 空循环试验。手动操作机床空运行若干次,观察模具安装是否牢固,有无错位,导向部位及侧向运动机构是否平稳、顺畅等。

⑤ 配套部分安装。如热流道元件及电气电气元件的接线、冷却水路的联接、液压回路联接、气压回路的联接以及电控部分的调整等辅助部分的安装。

4)合理确定工艺条件

工艺条件调整的好坏直接影响到成型产品的质量、成型生产效率以及生产成本,还会影响到模具的使用寿命。通常需调整的工艺条件,如注射量、料温、模温、注射压力、注射速度、注射速率、注射时间、背压、螺杆转速等参数。

5)模具与注塑机操作调整

模具与注塑机配合使用,二者缺一不可。必须将其调整到最佳状态才能做到模具使用的合理性。一般包括合模力调整、开关模速度及低压保护的调整、推出机构调整、模具温度控制、产品取出选择、模具清理、模具工作状态观察等内容。

2. 冲压模具的使用

冲压模具的使用要点和流程与注塑模具相似,下面仅对如何正确安装冲压模具的步骤进行简单的说明。

1)将模具处于闭合状态,测量闭合高度。

2)手动调整冲压设备的闭合高度略大于模具闭合高度。

3)冲压模具安装时,中小型模具是把模柄装入滑块的模柄孔内,依靠锁紧块和顶紧螺栓夹紧。安装时将锁紧块拆下,把模具放置在工作台上,移动模具,使模柄对准滑块内孔;手动调整闭合高度,使模柄进入滑块内孔,保证滑块下端面贴紧上模座;装入锁紧块,紧固螺栓,最后固定下模。

4)模具安装完毕后,手动操作机床空运行若干次,观察模具安装是否牢固,有无错位,导向部位及侧向运动机构是否平稳、顺畅等。

2.8.2 模具的维护

模具的维护要做到以下几点。

(1)使用前检查模具的完好情况。

(2)使用时要保持正常温度,不可忽冷忽热,常温工作可延长使用寿命。

（3）交接班时要通报上一班生产情况，使下班操作人员及时全面了解模具使用状态。

（4）工作中认真观察各控制部件的工作状态，严防辅助系统发生异常。

（5）当开闭模具有异常声音时，不可强行开启或合模，要找其原因，排出故障后再工作，以免有断、裂零件，损伤模具。

（6）注意随时清理模具工作表面，合模面不得有异物。

（7）运动和导向部位保持清洁，班前和班中要加油润滑，使之运动灵活可靠，防止卡死、烧伤。

（8）型腔模具要保持型腔的清洁，避免锈蚀、划伤，不用时要喷涂防锈剂。

（9）冲裁面要保持刃口锋利，适时进行刃磨。拉伸模要合理选择润滑介质。

（10）注塑模要正确选择脱模剂，使制品顺利脱模。

（11）使用完毕，要清洁模具各工作部位，涂防锈油或喷防锈剂。

（12）定期检查、注油。

2.8.3 模具的保管

无论是新模具或是使用过的模具，在短期或长期不用时要进行妥善的保管，这对于保护模具的精度、模具各个部位的表面粗糙度以及延长其使用寿命都有重要意义。模具的保管应注意以下几点。

（1）模具的种类规格一般比较繁杂，模具的存放库要做到井井有条、科学管理、多而不乱、便于存取，不能因存放库的条件不好而损坏模具。如应存放在干燥且通风良好的房间，不可随意放在阴暗潮湿的地方，以免生锈。

（2）严禁将模具与碱性、酸性、盐类物质或化学药剂等存放在一起，严禁将模具放置室外风吹雨淋、日硒雪浸。

（3）对于企业使用中的成批模具，要按企业管理标准化的规定对所有模具进行统一编号，并刻写在模具外形的指定部位，然后在专用库房里进行存放及保管。

（4）对于新制造的模具交库房保管，或是已使用的模具用后归还库存保管，都要进行必要的库房验收手续。

（5）模具存放前应擦拭干净，分门别类地存放，并摆放整齐。为防止导柱和导套生锈，在导柱顶端的注油孔中注入润滑后盖上纸片，防止灰尘及杂物落入导套内。

（6）冲压模具的凸模与凹模，型腔模的型腔与型芯、配合部位均应喷涂防锈剂，以防生锈。

（7）对于小型模具应放在模具架上，大中型模具存放时上、下模之间垫以木块限位，避免卸了装置长期受压而失效。

（8）对于长期不用的模具，应经常打开检查保养，发现锈斑或灰尘时及时处理。

第3章 计算机辅助虚拟拆装

3.1 《模具虚拟工厂(装调车间)》

3.1.1 简介

《模具虚拟工厂(装调车间)》是《模具虚拟教学与实训工场》的换代产品,它采用世界领先的虚拟现实技术,以逼真的三维场景和三维虚拟装备,营造出身临其境般的教学与实训体验,开创"寓教于做"的新型教学模式,以及"虚实结合"的新型实训模式,"身临其境"般的全新教学体验,大幅度提升模具教学与实训效果,同时显著降低成本。系统可通用于不同层次、不同类型、不同规模的课程教学,是国内领先的第四代多功能综合教学平台,是模具精品课程建设和重点专业建设的重要组成部分。

图 3.1

模具虚拟工厂以如下方式帮助大专院校模具专业改善教学质量:

(1)作为模具拆装实验课程的主体教学资源,直接用于模具拆装实训环节。

(2)作为模具设计课程的辅助教学资源,在虚拟场景中漫游,感受无与伦比的现场效果,提升教学效果。

3.1.2　虚拟拆装的优点

表现在四个方面:一、由于是利用软件完成实训,因此可以极低的价格进行大规模复制。二、在系统开发完成后,可以较低的成本新增模具种类和更新模具结构的成本。三、减少甚至取消了专门的实训场地,减少了场地费用。四、降低了实训管理的复杂度,减少了管理成本。

(1)实训内容丰富,教学功能更强

通过模具虚拟工厂,不仅可完成模具结构的拆装实训,还能进行模具成型过程的运动仿真,实现与周边设备的装配关系和运动关系等。同时,提供了丰富的交互式实训手段,如变换、消隐、透明、暂停、重放、速度调节等,使得学生能自主、方便、清楚、直观地观察到模具结构及其工作过程——无论是整体还是局部,无论是外部还是内部。

(2)在保证教学效果前提下,实现规模化教学

模具虚拟工厂保证了认知教学不受时间、空间限制,可以反复进行。使得每一个学生都能得到充分的实训机会,从而可在保证教学效果的前提下,实现规模化教学(人数几乎不受限制)。

(3)有良好的扩充性,可实现所有模具种类的认知实训

在系统开发完成后,可方便地扩充的模具种类,使得对所有模具种类的认知实训成为可能。同时,可随时对已有的模型进行更新,使实训内容与模具技术的进展保持同步。

3.1.3　主要功能

系统主要分为四大教学功能:

(1)通过拆装实训功能学习模具结构:学生可先观看模具拆卸、装配全过程的立体动画演示,每一步都同步伴有文字说明。之后,学生可自主完成交互拆卸和装配操作全过程,系统可在实训过程中自动判断每一步操作的正确性,并可根据要求提示下一步可选的正确操作。

(2)通过运动仿真功能学习模具工作原理:能够以透视、局部、剖面、旋转等各种手段、各种视角观察模具机构运动全过程,从而学习模具结构的工作原理。而传统的动画方式只能以一个固定不变的方式观察模具工作过程。

(3)通过知识索引功能学习模具设计知识:对任何零部件可立即搜索、查看到与该零件相关的模具知识,并可立即查看与该零件相关的模具标准件三维模型。同时,系统提供了丰富、真实的模具设计实例,包括三维详细设计、二维工程图、BOM 表、采购清单等全部数据。

(4)通过自动考核功能评定成绩:系统详细记录学生自主拆装的全过程,并自动对每一步进行对错判断,并给出相应提示信息,同时自动进行分数计算。在考核结束后生成详细的考核记录单,包括拆装详细步骤、每一步的判分结果、依据和成绩汇总。

值得一提的是,考核记录单进行了加密,只有教师才能打开评阅。

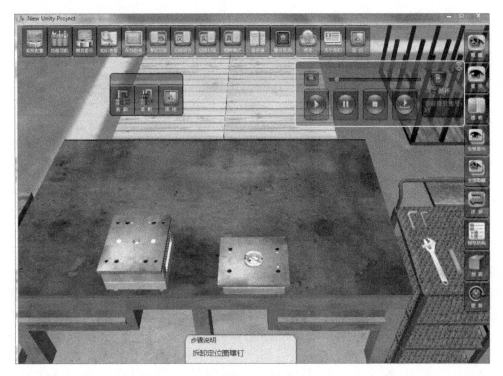

图 3.2 模具结构虚拟拆装

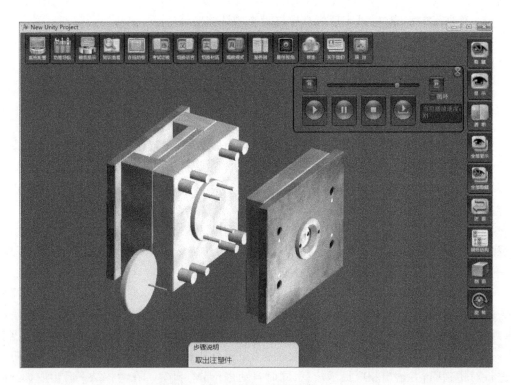

图 3.3 模具运动仿真

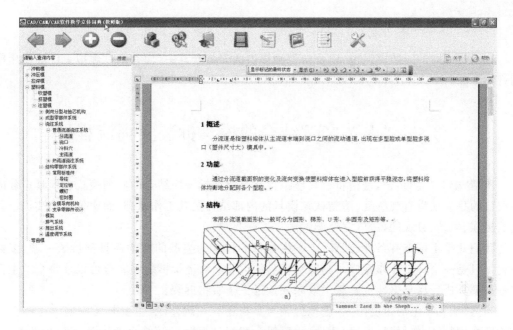

图 3.4　模具知识索引和学习

图 3.5　考核记录单

注：自主拆装、自动考核功能仅在实训版本中提供，详见"版本说明"中的叙述。

此外，为满足学校开发精品课程、以及重点专业建设的需要，系统提供了自主开发的功能，用户可自行开发、制作、添加新的模具拆装案例，自主编辑模具知识，从而构建出自己专用的、个性化的教学资源。

3.1.4　版本说明

学习版：由本教材直接配套提供，用户可直接通过 www.51cax.com 网站下载使用。其中不包含拆装实训中的自主拆装功能，但可观看拆装演示。同时也不包含自动考核功能。

实训版：包含除自主开发外的全部功能，仅供本教材任课教师使用。

3.1.5　安装和使用

在用户下载的安装资料包,以及向教师提供的安装光盘中,均有模具虚拟工厂的使用帮助视频动画。

3.2　"虚"、"实"结合的模具拆装实训流程

所谓"虚"、"实"结合,是指将模具虚拟拆装与实物拆装相结合的实训模式。模具拆装的主要目的是使学生直观感受、清楚认知模具的内部结构及其工作原理,而虚拟拆装实训以其真实感强、生动、直观的特点,完全能够满足这一要求。

我们几乎不可能有条件让每一个学生都将各种结构类型的实物模具都拆装一遍,多数情况下只是一个小组合作完成一副实物模具的拆装。而虚拟拆装则完全可以让每个学生都将各种模具进行反复拆装! 其教学效果要远远优于实物拆装。

当然,从真实感的角度出发,虚拟拆装与实物还有一定差距,主要是无法使学生体会到实物的物理特性,如材料、重量、质地、手感等。所以,"虚"、"实"结合的模具拆装实训模式,既能给学生提供充分的实训机会和高效的实训手段,又能让学生对真实模具有所体验,从而大大提升模具课程的教学效果!

虚实结合的拆装实训可分为三个阶段(如图 3.6 所示):

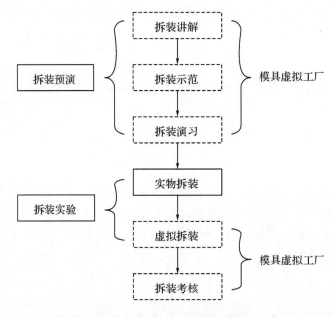

图 3.6　虚实结合的模具拆装实训流程

(1)拆装预演

拆装预演的目的是为实物拆装做好充分准备,以提高实物拆装的效率、效果,减少实训风险。拆装预演又分三个内容,一是拆装讲解。包括模具拆装过程、拆装要点及安全事项

等。二是拆装示范。利用拆装虚拟实训室可以演示模具拆装每个步骤的立体动画,并给出每一步的简要拆装说明。三是拆装演习。针对实物模具的结构类型,先在虚拟实训室中进行同类结构的虚拟拆装演习,熟练掌握后,再进行实物拆装。

（2）拆装实训

拆装实训包括实物拆装和虚拟拆装。首先对拆装演习中所使用的模具结构进行实物拆装,一方面对拆装演习中学习到的模具结构进行实际印证,一方面体验真实模具的拆装感受。在实物拆装结束后,还需要反复进行各种类模具结构的虚拟拆装实训,直到学生能正确地理解和掌握各种典型模具结构及其工作原理。

（3）拆装考核

考核内容包括三部分:一是虚拟拆装考核,即在模具虚拟工厂中以考核模式自动记录每个学生虚拟拆装实训的过程,由系统自动评分。二是以小组为单位对实物拆装效果进行评估。三是以书面方式考核每个学生对模具结构及工作原理的理解程度,以评估模具拆装课程的教学效果。

第4章 模具测量

4.1 概 述

模具零件在加工过程中或加工完成后,对其进行测量、检测是模具制造中的一个重要环节。掌握正确的测量方法和量具的正确使用,读取准确的测量数值,是模具钳工完成加工、装配工作的一个重要保证,模具常用量具如表4.1所示。

表 4.1

量具名称	图　　示
钢直尺、钢卷尺	
卡尺	
千分尺	
指示表	

量具名称	图　示
游标万能角度尺	
直角尺	
量规	
半径规、螺纹规	
塞尺、表面粗糙度比较样块	

4.2　量具简述

　　量具是用来测量、检验工件及产品尺寸和形状的工具。量具种类很多,根据其用途和特点可分为 3 类:标准量具、专用量具和通用量具。下面将分别进行介绍。

　　1. 标准量具

　　标准量具是指用作测量或检测标准的量具。该类量具只能制成某一固定尺寸,通常用来校对或调整其他量具,也可以作为标准与被测量件进行比较,如量块、表面粗糙度比较样块等。

2. 专用量具

专用量具也称非标量具。指专门为检测工件某一技术参数而设计制造的量具。该类量具不能测量出实际尺寸,只能测定工件或产品的形状及尺寸是否合格,如量规(塞规、卡规、环规)、塞尺等。

3. 通用量具

通用量具也称万能量具。一般指由量具厂统一制造的通用性量具。该类量具一般都有刻度,能对不同工件、多种尺寸进行测量。在测量范围内可测量出工件或产品的形状、尺寸的具体数据值。如游标卡尺、千分尺、百分表、万能角度尺等。

4.3 量具选择原则

在生产中检测的一般流程及其选择原则如下。

(1)选择测量方法

明确测量目的,在确定生产批量的前提下,根据模具零件结构的特点、形状、尺寸大小、重量、材料、刚性以及检测部位和表面精度,以及现有量具的条件等选择适当的测量方法,并保证测量的精密度。

(2)选择量具

一般由工件的批量、结构和重量情况、尺寸大小、尺寸公差大小等来决定选择量具(详见检测量具选择原则)。

(3)选择测量基准

测量基准面应和设计基面、工艺基面、装配基面相一致。

(4)选择定位方法

对于平面,可用平面或三点支承定位;对于球面,可用平面或 V 形架定位;对于外圆柱表面,可用 V 形架或顶尖、三爪自定心卡盘定位;对于内圆柱表面,可用心轴、内三爪卡盘定位。

(5)控制测量条件

应控制检测所处环境的温度、振动、灰尘、腐蚀性气体等的客观情况;减小或消除温度的误差。

(6)测量结果的处理

测量中,由于存在误差,测得的值只能是真值的近似值,在计算结果里,只允许最后一位数字是可疑的或不可靠的,并应遵循测得值计算过程中的计算法则和近似数的截取方法。

在模具制造中,正确选择检测量具是保证模具质量、提高零件精度、保证装配性能要求、缩短制模周期的重要因素。

在生产中检测量具选择原则如下。

1. 由工件的批量来决定

批量小,选用通用的量具;批量大,选用专用量具、检验夹具,以提高测量效率。

2. 由工件的结构和重量情况来决定

轻小简单的工件,可放到计量器上检测;重量大、复杂的工件,可将计量器放到工件上测量。

3. 由工件尺寸的大小来决定

要使所使用的量具的测量范围、示值范围、分度值等能满足工件尺寸大小的要求。根据测量的基本尺寸,选择量具的测量范围,即被测量的尺寸值必须在所选量具的测量范围之内。

4. 由工件的尺寸公差大小来决定

工件的公差小,量具精度要高;工件公差大,量具精度应低。

① 根据被测零件的尺寸公差,选择量具的分度值(i)和示值范围,使选择的分度值和被测量公差值(IT)满足下列关系:

一般情况下,$i \leqslant (0.05 \sim 0.20)\mathrm{IT}$;

当被测量的公差值很小时,

$i \leqslant (0.3 \sim 0.6)\mathrm{IT}$

所选量具的示值范围必须大于被测量的零件公差值。

② 所选定量具的测量极限误差,必须小于或等于被测量的公差等级所允许的测量极限误差。被测量公差允许的测量极限误差一般按其公差值的 1/10~1/3 作为确定测量与极限误差的依据。对公差等级较高的取 1/5~1/3,对特别高精度的取 1/2,一般可取 1/5,较低精度取 1/10~1/5。

5. 其他选择要点

①根据模具零件结构的特点、形状、尺寸大小、重量、材料、刚性以及检测部位和表面精度等选择不同的量具及测量方法。

②根据被测工件所处的状态(静态、动态)选用测量量具。

③根据工件的加工方法、测量基准面、批量来选择量具,如单件生产选用通用量具,大批量生产采用专用极限量具进行检测。

4.4 常用测量工具及其操作

模具制造常用测量工具分类如表 4.2。

表 4.2

类　别	内　容
线纹尺	如钢直尺、钢卷尺等
通用卡尺类量具	如游标卡尺、带表卡尺、电子数显卡尺、深度游标卡尺、高度游标卡尺等
千分尺类量具	如外径千分尺、内径千分尺、深度千分尺等
指示表类量具	如百分表、千分表、内径百分表、内径千分表、深度百分表、带表卡规等
角度量具	如游标万能角度尺、角度块、直角尺、正弦规、条式和框式水平仪等
平直量具	如平板、平尺、平晶等
量块、量规	如量块、光滑极限量规、圆柱螺纹量规、圆锥量规等
其他量具	如表面粗糙面比较样块、塞尺、螺纹样板、半径样板等

本节将分别进行展开探讨。

4.4.1 线纹尺

线纹尺是一种在尺体上刻有等间距刻线（也有极少数为不等间距刻线）的多值量具。高精度线纹尺主要是用合金钢料和优质玻璃制造。各种线纹尺精度高低不同，用途也不一样：有的用作标准计量器具，作为量值传递的媒介，检定各种作为工作计量器具的线纹尺、精密机床和仪器仪表，也可直接用作计量仪器的标准尺。还有大量用于一般商贸和日常生活中的低精度线纹尺，如钢直尺、钢卷尺、竹木尺和布卷尺等等。

1. 钢直尺

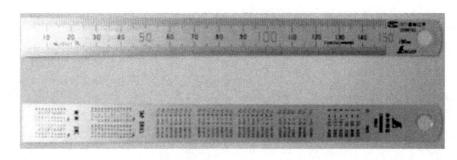

图 4.1

【用途】钢直尺是精度较低的普通量具，主要用来量取尺寸、测量工件，也常用作划直线的导向工具，其工作端面可作测量时的定位面。

【规格】钢直尺包括普通钢直尺和棉纤维钢尺，锈钢片制成，用不尺的刻线面上下两边都刻有线纹，其标称长度有 150,300,500(600),1000,1500 和 2000mrn 共 6 种。棉纤维钢尺的标称长度为 50mm。尺的线纹起始端为方形，称为工作端，另一端为圆弧形并有一悬挂孔。

钢直尺的分度值即线纹间距为 1mm,150mm 的钢直尺允许在起始的 50mm 内有 0.5mm 分度线纹。

【操作要点】钢直尺特别是较长的钢直尺，要注意避免尺身弯曲变形，长尺可悬挂置放。

2. 钢卷尺

【用途】测量长工件尺寸或长距离尺寸用。精度比布卷尺高。摇卷架式用于测量油库或其他液体库内储存的油或液体深度。

【规格】(GB 10633—89)

型 式	长度/m
自卷式、制动式	1,2,3,3.5,5
摇卷盒式、摇卷架式	5,10,15,20,30,50,100

【操作要点】使用钢卷尺时，要平拉平卷，防止钢带扭弯或折断。使用中弄脏后或尺上附有其他附着物，一定要擦干净，如较长时间不使用，应涂上薄层的防锈油。

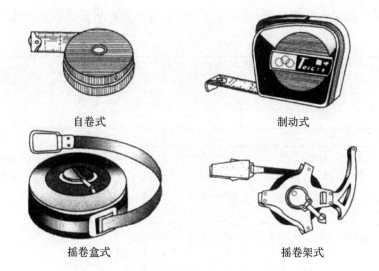

自卷式　　　　　　　　　制动式

摇卷盒式　　　　　　　　摇卷架式

图 4.2

4.4.2　通用卡尺类量具

通用卡尺类量具应用很广泛,可测各种工件的内外尺寸、高度和深度,还可测盲孔、凹槽、阶梯形孔等等,其分度值(游标类和表类)或分辨力(数显类)为 0.01,0.02,0.05 及 0.10mm。按读数方式和原理的不同,通用卡尺有游标尺、带表尺和数显尺等多种,目前以游标尺应用最多。

游标量具的分度值有 0.1mm,0.05mm 和 0.02mm 三种。按用途和结构,常用的游标量具有游标卡尺、高度游标卡尺、深度游标卡尺、齿厚游标卡尺和万能角度尺等。

1. 游标卡尺

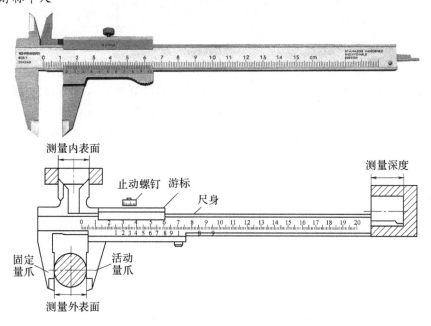

图 4.3

【用途】用于测量工件的外径、内径尺寸。带深度尺的还可用于测量工件的深度尺寸。

【规格】

型　式	游标卡尺（GB/T 1214.2—1996）			大量程游标卡尺（ZBJ 42031—89）
	Ⅰ型	Ⅰ、Ⅱ型	Ⅲ型	
测量范围/mm	0～150	0～200 0～300	0～500 0～1000	0～1500,0～2000
游标分度值/mm	0.02,0.05,0.10			

【刻线原理】0.05mm 游标卡尺刻线原理：主尺上每一格的长度为 1mm，副尺总长度为 39mm，并等分为 20 格，每格长度为 39/20＝1.95mm，则主尺 2 格和副尺 1 格长度之差为 0.05mm，所以其精度为 0.05mm，其刻线原理示意如图 4.4 所示。

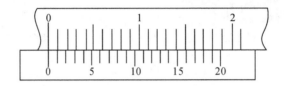

图 4.4

0.02mm 游标卡尺刻线原理：主尺上每一格的长度为 1mm，副尺总长度为 49mm，并等分为 50 格每格长度为 49/50＝0.98mm，则主尺 1 格和副尺 1 格长度之差为 0.02mm，所以其精度为 0.02mm，其刻线原理示意如图 4.5 所示。

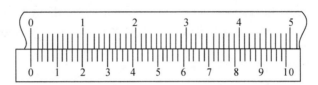

图 4.5

【读数方法】首先读出游标副尺零刻线以左主尺上的整毫米数，再看副尺上从零刻线开始第几条刻线与主尺上某一刻线对齐，其游标刻线数与精度的乘积就是不足 1mm 的小数部分，最后将整毫米数与小数相加就是测得的实际尺寸。游标卡尺读数方法示意如图 4.6 所示。

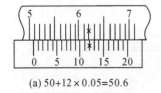

(a) 50+12×0.05=50.6

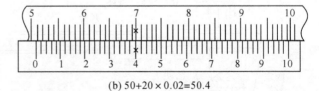

(b) 50+20×0.02=50.4

图 4.6

【操作要点】

① 测量前应将游标卡尺擦拭干净,检查量爪贴合后主尺与副尺的零刻线是否对齐。

② 测量时,应先拧松紧固螺钉,移动游标不能用力过猛。两量爪与待测物的接触不宜过紧。不能使被夹紧的物体在量爪内挪动。

③ 测量时,应拿正游标卡尺,避免歪斜,保证主尺与所测尺寸线平行。

④ 测量深度时,游标卡尺主尺的端部应与工件的表面接触平齐。

⑤ 读数时,视线应与尺面垂直,避免视线误差的产生。如需固定读数,可用紧固螺钉将游标固定在尺身上,防止滑动。

⑥ 实际测量时,对同一长度应多测几次,取其平均值来消除偶然误差。

⑦ 用完后,应平放入盒内。如较长时间不使用,应用汽油擦洗干净,并涂一层薄的防锈油。卡尺不能放在磁场附近,以免磁化,影响正常使用。

2. 深度游标卡尺

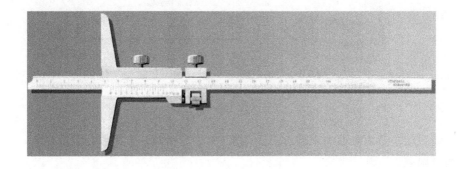

图 4.7

深度游标卡尺是用以测量阶梯形表面、盲孔和凹槽等的深度及孔口、凸缘等的厚度。分度值有 0.02,0.05 和 0.1mm 3 种,测量范围分为(0～200),(0～300)和(0～500)mm 3 种。操作要点与游标卡尺相似。

3. 高度游标卡尺

【用途】用于划线及测量工件的高度尺寸。

【规格】(GB/T 1214.3—1996)

测量范围/mm	0～200,0～300,0～500,0～1000
分度值/mm	0.02,0.05

【操作要点】

① 游标高度尺作为精密划线工具,不得用于粗糙毛坯表面的划线。

② 使用前检查底座底面和安放高度卡尺的平板是否清洁,有无毛刺及影响使用的划痕等。

③ 使用前检查尺身与尺框的刻线"零位"是否对准,方法是将量爪下降到测量面与底座底面同时与平板接触后再观察。

④ 测量高度尺寸时,先将尺框上量爪的测量面提高到稍大于工件被测的高度尺寸,再

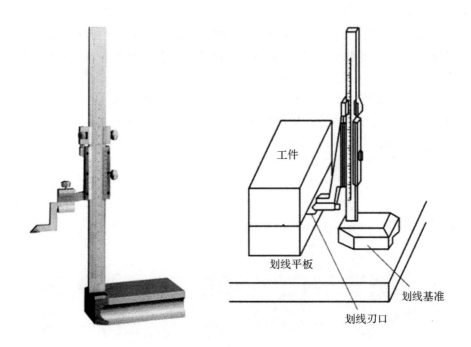

图 4.8

利用微动装置使量爪测量面与工件被测面接触好,然后读数。要注意控制测量力,测力过大将产生测量误差。

⑤ 使用划线量爪划线时,应使用微动装置准确地按划线高度对准所需尺寸,再将尺框紧固后进行划线。

⑥ 划线时底座要贴合平板并平稳移动。划线量爪与工件表面的接触压力应适当,要既能有清晰的划线,又不致划出深痕并磨损量爪尖头。

⑦ 搬移高度卡尺时,应握特底座,不要用力抓尺身,以免尺身变形。

高度游标卡尺的其他操作要点,与游标卡尺相同。

4.4.3 千分尺类量具

千分尺类量具是机械制造中最常用的量具,其结构设计基本上符合阿贝原则,阿贝误差很微小,还有控制测量力的机构,测量的准确度高于游标量具。

用来测量加工精度较高的工件,其测量准确度为 0.01mm。按结构和用途的不同,有外径千分尺、内径千分尺、深度千分尺,杠杆千分尺,螺纹千分尺,齿轮公法线千分尺等。

1. 外径千分尺

【用途】简称千分尺,主要用于测量工件的外径、长度、厚度等外尺寸。

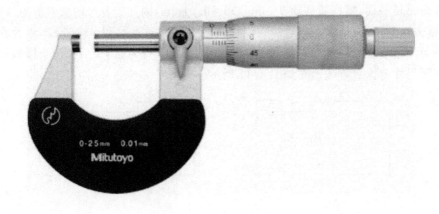

图 4.9

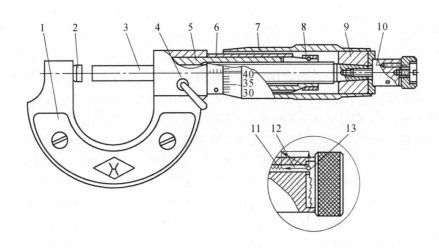

1—尺架　2—砧座　3—测微螺杆　4—锁紧手柄　5—螺纹套　6—固定套管
7—微分管　8—螺母　9—接头　10—测力装置　11—弹簧　12—棘轮爪　13—棘轮

图 4.10

【规格】(GB 1216—85)

品　种	测量范围/mm	分度值/mm
外径千分尺	0～25,20～25,50～75,75～100,100～125, 125～150,150～175,175～200,200～225,225～250, 250～275,275～300,300～400,400～500,500～600, 600～700,700～800,800～900,900～1000	0.01
大外径千分尺 (ZBJ42004—87)	1000～1500,1500～2000,2000～2500,2500～3000	

【刻线原理】千分尺测微螺杆上的螺距为 0.5mm，当微分管转一圈时，测微螺杆就沿轴向移动 0.05mm，固定套管上刻有间隔为 0.5mm 的刻线，微分管圆锥面上共刻有 50 个格，因此微分筒每转一周，螺杆就移动 0.5mm/50＝0.01mm，因此千分尺的精度值为 0.01mm。

【读数方法】首先读出微分筒边缘在固定套管主尺的毫米数和半毫米数，然后看微分管上哪一格与固定套管上基准线对齐，并读出相应的不足半毫米数，最后把两个读数相加就是测得的实际尺寸。读数方法示意如图 4.11 所示。

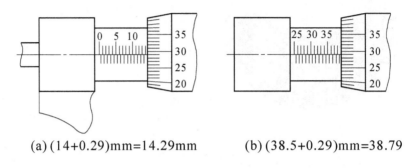

(a) (14+0.29)mm=14.29mm　　　(b) (38.5+0.29)mm=38.79

图 4.11

【操作要点】

① 测量前，应清除千分尺两侧砧及被测表面上的油污和尘埃，并转动千分尺的测力装置，使两侧砧面贴和，检查是否密合；同时检查微分管与固定套管的零刻线是否对齐。若零位不对，应进行校准。如急需测量，可记下零位不准的偏差值，从测得值中修正。

② 测量时，一定要用手握持隔热板，否则将使千分尺和被测件温度不一致而产生测量误差，应尽可能使千分尺和被测件的温度相同或相近。

③ 测量时，当千分尺两测砧接近被测件而将要接触时，只能转动测力装置的滚花外轮，当测力装置发出咯咯的响声时，表示两测砧已与被测件接触好，此时即可读数。千万不要在两测砧与被测件接触后再转动微分筒，这样将使测力过大，并使精密螺纹受到磨损。

④ 测量时，千分尺测杆的轴线应与被测尺寸的长度方向一致，不能歪斜。与两测砧接触的两被测表面，如定位精度不同，应以易保证定位精度的表面与固定测砧接触，以保证测量时的正确定位。

⑤ 读数时，千分尺最好不要离开被测件，读数后要先松开两测砧，以免拉离时磨损测砧，更不能测量运动中的工件。如确需取下，应首先锁紧测微螺杆，防止尺寸变动。

⑥ 不得握住微分筒挥动或摇转尺架，这样会使精密测量螺杆受损。

⑦ 使用后擦净上油，放入专用盒内，并将置于干燥处。

2. 内径千分尺（图 4.12）

【用途】是一种带可换接长杆的内测量具，用于测量工件的孔径、沟槽及卡规等的内尺寸。

【规格】(GB 8177—87)

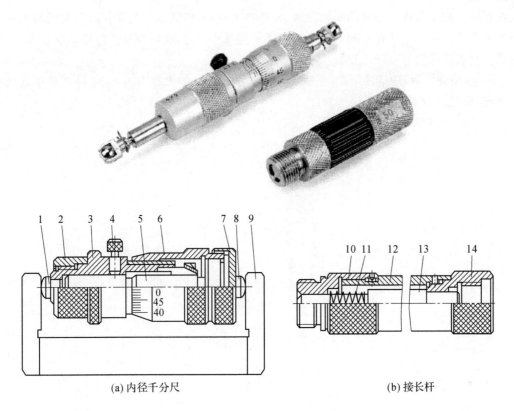

(a) 内径千分尺　　　　　　　　(b) 接长杆

1—固定测头　2—螺母　3—固定套管　4—锁紧装置　5—测微螺母　6—微分管　7—螺母
8—活动测头　9—调整量具　10、14—管接头　11—弹簧　12—管套　13—量杆

图 4.12

测量范围/mm	分度值/mm
50～250,50～600,100～1225,100～1500,100～5000,150～1250,150～1400, 150～2000,150～3000,150～4000,150～5000,250～2000,250～4000,250～5000, 1000～3000,1000～4000,1000～5000,2500～5000	0.01

【操作要点】

① 测量前,要校对零位(测量下限尺寸),如不正确则予以调整,调整方法参看前面的外径千分尺。

② 测量时,由于内径千分尺没有控制测量力的机构,故要凭手感控制测量力,以两测头与被测表面刚好接触为准。

③ 当被测尺寸较大,要选用多节接长杆,接长杆的数目越少越好,以减少累积误差。具体接长时,以尺寸最大的接长杆与测微头连接,其余按长度依次排接,尺寸最小的接在最后,这样可减小因接头处两端面的平行度误差的积累而产生的测量误差。

④ 测量较大的尺寸时,应注意内径千分尺的支承或握持位置。尺身水平使用时,应支承或握持在艾利点上,即两支承点距内径千分尺两端约 $2/9L$ 处(L 为尺身全长)。这样可以使因尺身自重产生的变形最小。

⑤ 测量孔径时,要先使固定测头沿径向支承或压靠在被测表面上。为保证另一活动测

头在直径方向上与相对的被测表面接触,要调整微分筒,使活动测头在孔的径向截面内摆动找最大尺寸。另外还要在孔的轴向截面内摆动找最小尺寸,此项调整要仔细地反复多次,调好后拧紧紧固螺钉,并读取结果。

⑥ 使用完毕后,应清洗干净,平放在专用的木盒内。如无专用木盒,也可垫平放置或垂直吊挂,以免尺身弯曲变形。

3. 深度千分尺

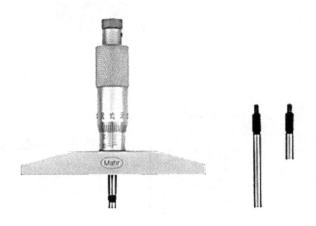

图 4.13

深度千分尺,主要用于测量精密工件的高度和沟槽孔的深度。分度值(mm)有 0.01,0.005,0.002 和 0.001 等,测量范围(mm)有 0～25,0～50,0～100,0～150,0～200,0～250,0～300 等。操作要点与游标卡尺相似。

4.4.4 指示表类量具

指示表类量具有百分表和千分表、杠杆百分表和千分表、内径百分表和千分表、扭簧比较仪和多种机械式比较仪(或测微表)。其共同特点是将反映被测尺寸变化的测杆微小位移,经机械放大后转换为指针的旋转或角位移,在刻度表盘上指示测量结果。

指示表类量具主要是采用微差比较测量法检测各种尺寸,也可用直接比较测量法测量微小尺寸及形位误差,还可用来作为专用计量仪器及各种检验夹具的读数装置,用途非常广泛。

1. 百分表和千分表

【用途】测量精密件的形位误差,也可用比较法测量工件的长度。

【规格】

品　种	测量范围/mm	分度值/mm
百分表(GB 1219—85)	0～3,0～5,0～10	0.01
大量程百分表(GB 6311—86)	0～30,0～50,0～100	
千分表(GB 6309—86)	0～1,0～2,0～3,0～5	0.001

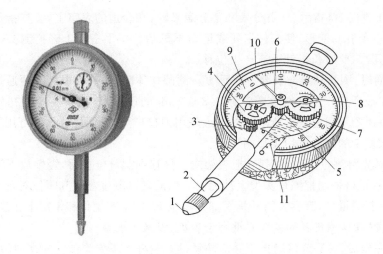

1—触头　2—测量杆　3—小齿轮　4、7—大齿轮　5—中间小齿轮
6—长指针　8—短指针　9—表盘　10—表圈　11—拉簧

图 4.14

【百分表的刻线原理】

当测量杆上升 1mm 时,百分表的长针正好转动一周,由于百分表的表盘上共刻有 100 个等分格,所以长针每转一格,则测量杆移动 0.01mm。

【百分表的读数方法】

长指针每转一格为 0.01mm,短指针每转一格为 1mm,测量时把长短指针读数相加即为测量读数。

【操作要点】

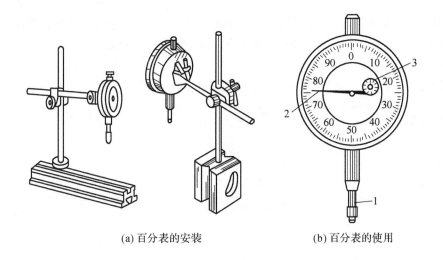

(a) 百分表的安装　　　　　(b) 百分表的使用

图 4.15

① 使用前检查表盘和指针有无松动。

② 测量工件时,将指示表(百分表和千分表)装夹在合适的表座上,装夹指示表时,夹紧力不能过大,以免套筒变形,使测杆卡死或运动不灵活。用手指向上轻抬测头,然后让其自由落下,重复几次,此时长指针不应产生位移。

③ 测平面时,测量杆要与被测平面垂直。测圆柱体时,测量杆中心必须通过工件中心,即触头在圆柱最高点。注意测量杆应有 0.3~1mm 的压缩量,保持一定的初始力,以免由于存在负偏差而测不出值来。测量圆柱件最好用刀口形测头,测量球面件可用平面测头,测量凹面或形状复杂的表面可用尖形测头。

④ 测量时先将测量杆轻轻提起,把表架或工件移到测量位置后,缓慢放下测量杆,使之与被侧面接触,不可强制把测量头推上被测面。然后转动刻度盘使其零位对正长指针,此时要多次重复提起测量杆,观察长指针是否都在零位上,在不产生位移情况下才能读数。

⑤ 测量读数时,测量者的视线要垂直于表盘,以减小视差。

⑥ 测量完毕后,测头应洗净擦干并涂防锈油。测杆上不要涂油。如有油污,应擦干净。

2. 带表卡规

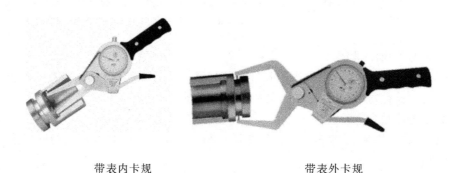

带表内卡规　　　　　　　　　　　带表外卡规

图 4.16

【用途】以测量头深入工件内外部,用于测量工件上尺寸,并通过百分表直接读数。如可用于测量内径、深孔沟槽直径、外径、环形槽底外径、板厚等尺寸及其偏差。是一种实用性较强的专用精密量具。

【规格】(JB/T 10017—1999)

名 称	测量范围			测量深度	分度值
带表内卡规/mm	10~30	15~35	20~40	50,80,100	0.01
	30~50	35~55	40~60		
	50~70	55~75	60~80	80,100,150	
	70~90	75~95	80~100		
带表外卡规/mm	0~20,20~40,40~60,60~80,80~100			—	0.01
	0~20				0.02
	0~50				0.05
	0~100				0.10

【操作要点】两卡脚的测量面与工件接触要正确,调整卡钳使卡脚与工件感觉稍有摩擦即可,如图 4.17 所示。

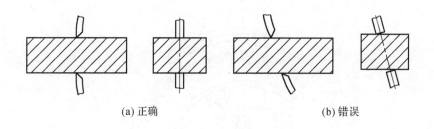

(a) 正确　　　　　　　　　　　　(b) 错误

图 4.17

4.4.5　角度量具

1. 游标万能角度尺

游标万能角度尺是用来测量精密工件的内、外角度或进行角度划线的量具，分Ⅰ型和Ⅱ型。其中精度为 $2'$ 的Ⅰ型游标万能角度尺应用较广。

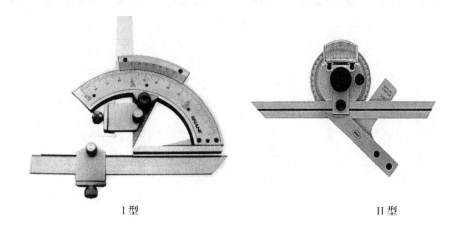

Ⅰ型　　　　　　　　　　　　　Ⅱ型

图 4.18

【规格】(GB/T 6315—1996)

型　号	测量范围	游标分度值
Ⅰ型	$0\sim320°$	$2'$, $5'$
Ⅱ型	$0\sim360°$	$5'$

【Ⅰ型游标万能角度尺结构】

【刻线原理】游标 $2'$ 万能角度尺的刻线原理，角度尺尺身刻线每格为 $1°$，游标共有 30 个格，等分 $29°/30=58'$，尺身 1 格和游标 1 格之差为 $2'$，因此其测量精度为 $2'$。

【读数方法】游标万能角度尺读数方法与游标卡尺的方法相似，先从尺身上读出游标零刻线前的整度数，再从游标上读出角度数，两者相加就是被测工件的度数值，如下图所示。

【操作要点】

① 使用前检查角度尺的零位是否对齐。

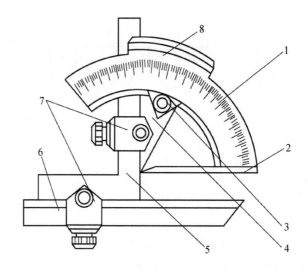

1—尺身　2—基尺　3—制动器　4—扇形块　5—90°角尺　6—直尺　7—卡块　8—游标

图 4.19

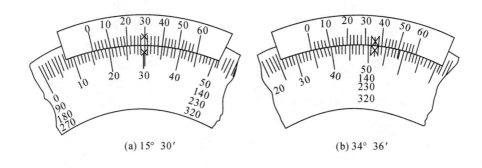

(a) 15° 30′　　　　　　　　　　(b) 34° 36′

图 4.20

② 测量时,应使角度尺的两个测量面与被测件表面在全长上保持良好接触,然后拧紧制动器上螺母进行读数。

③ 测量角度在 0°～50°范围内,应装上角尺和直尺。

④ 测量角度在 50°～140°范围内,应装上直尺。

⑤ 测量角度在 140°～230°范围内,应装上角尺。

⑥ 测量角度在 230°～320°范围内,不装角尺和直尺。

2. 直角尺

直角尺简称角尺,主要用于检验工件的 90°直角和零部件有关表面的相互垂直度,还常用于钳工划线。

直角尺按结构形式可分宽座直角尺、刀口形直角尺、三角形直角尺、圆柱直角尺、矩形直角尺、铸铁直角尺、平形直角尺、线纹钢直角尺等。其中刀口形直角尺和宽座直角尺在模具制造中应用较广泛,下面对其进行探讨。

宽座直角尺   刀口形直角尺

图 4.21

【规格】(GB/T 6092—2004)

品　种	规格(长边×短边)/mm	精度等级
宽座直角尺	60×40,80×50,100×63,150×80,160×100,200×125,250×160,315×200,400×250,500×315,630×400,800×500,1000×630,1250×800,1600×1000	0,1,2
刀口形直角尺	50×32,63×40,80×50,100×63,125×80,160×100,200×125	0,1

【操作要点】

① 使用前,先检查各工作面和边缘是否有碰伤和细小毛刺,如有,要修理清除,直角尺工作面和被检表面都要清洗擦净。

② 使用时,将直角尺靠在被检工件的有关表面上,用光隙法来鉴别被检直角是否正确。

③ 测量时,要注意直角尺的安放位置,不能歪斜。

④ 使用和安放工作边较长的直角尺时,要注意防止尺身弯曲变形。

⑤ 如用直角尺检测时能配合用其他量具读数,则尽可能将直角尺翻转 180° 再测一次,取前后两次读数的算术平均值作结果。这样可消除直角尺本身的偏差。

3. 正弦规

窄型正弦规   宽型正弦规

图 4.22

正弦规又叫正弦尺,是配合使用量块按正弦原理组成标准角度,用以在水平方向按微差比较方式测量工件、量规的角度和内、外锥体的一种精密量具,也可作机床上加工带斜度或锥度零件的精确定位用。按工作面的宽窄分为窄型和宽型两种形式。

在生产车间的平台测量中,还用正弦规配合量块、标准棒、钢球等工具和量具,测量各种尺寸和形位误差。

【规格】(JB/T 7973—1999)

两圆柱中心距/mm	圆柱直径/mm	工作台宽度/mm		精度等级
		窄型	宽型	
100	20	25	80	0.1
200	30	40	80	

【操作要点】

① 使用前,要清洗干净,被测表面不得有毛刺、研磨剂、灰屑等脏物,也不能带有磁性。

② 不能用正弦尺测量粗糙工件,被测件的表面粗糙度参数 $R\alpha$ 值不得大于 $1.6\mu m$。

③ 不能将正弦规在平板上来回拖动,以免磨损。

④ 使用完毕后要清洗涂油,收放在木盒内。

4. 水平仪

水平仪是用以测量工件表面相对水平位置的微小倾斜角度的量具。可测量各种导轨和平面的直线度、平面度、平行度和垂直度,还用于调整安装各种设备的水平和垂直位置。作为量具使用的水平仪主要有框式(方形水平仪)和条式(钳工水平仪)两种。

框式水平仪　　　　　　　　　　　　　　条式水平仪

图 4.23

水平仪是利用水准器(水泡)进行测量的。水准器是一个密封的玻璃管,内壁研磨成具有一定曲率半径尺的圆弧面。管内装有流动性很好的液体(如乙醚、酒精),管内还留有一个小的空间,即为气泡,玻璃管外表面上刻有刻度。

当水准器处于水平位置时,气泡位于正中,即处于零位。当水准器偏离水平位置而有倾斜时,气泡即移向高的一端,倾斜角度的大小,由气泡所对的刻度读出。

【规格】

品　种	分度值/mm	工作面长度/mm	工作面宽度/mm	V形工作面夹角
框式、条式 (GB/T 16455—1996)	0.02,0.05, 0.10	100	≥30	120°,140°
		150,200	≥35	
		250,300	≥40	
电子式 (JB/T 10038—1999)	0.005,0.01, 0.02,0.05	100	25～35	120°,150°
		150,200, 250,300	35～50	

【操作要点】

① 使用前,应将水平仪的工作面和工件的被检面清洗干净,测量时此两面之间如有极微小的尘粒或杂物,都将引起显著的测量误差。

② 零值的调整方法,将水平仪的工作底面与检验平板或被测表面接触,读取第一次读数;然后在原地旋转180°,读取第二次读数;两次读数的代数差除以2即为水平仪的零值误差。

③ 普通水平仪的零值正确与否是相对的,只要水平仪的气泡在中间位置,就表明零值正确。

④ 水准器中的液体,易受温度变化的影响而使气泡长度改变。对此,测量时可在气泡的两端读数,再取平均值作为结果。

⑤ 测量时,一定要等到气泡稳定不动后再读数。

⑥ 读取水平仪示值时,应垂直正对水准器的方向,以避免因视差造成读数误差。

4.4.6　平直量具

平直量具是检测各种零件的直线度和平面度的量具,在机械制造中常用的平直量具有平晶、刀口形直尺、平尺、平板等。下面仅对在模具制造中常用的平板(铸铁平板)量具进行探讨。

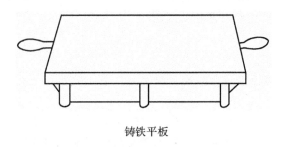

铸铁平板

图 4.24

【用途】对工件检验或划线时用的平面基准件。平板按其制造材料分为铸铁平板(优质铸铁)和岩石平板(花岗石)两类。铸铁平板又有筋板式(平板下方带有按一定方式分布的加强筋)和箱体式之分,岩石平板可分为有凸缘和无凸缘两种形式。

【规格】

品　种	铸铁平板(JB/T 7974—1995)	岩石平板(JB/T 7975—1995)
工作面尺寸/mm	160×100,160×160,250×250,400×250,400×400,630×400, 630×630,(800×800),1000×630,1000×1000,(1250×1250),1600×1000, 1600×1600,2500×1600,4000×2500	
精度等级	000,00,0,1,2,3	000,00,0,1

注:带括号的只有铸铁平板。除3级为划线外,其余均为检验用。

【操作要点】铸铁平板最忌工作面锈蚀和碰损,如有锈点要及时修理消除。使用中要避免磨损。使用前须擦洗干净,用后要涂防锈油,对高精度平板应作护罩,不用时罩好。

4.4.7　量块、量规

1. 量块

量块又称块规,是用优质耐磨材料如铬锰钢等精细制作的高精度标准量具,用途非常广泛。

是技术测量中长度计量的基准。常用于精密工件、量规等的正确尺寸测定,精密机床夹具在加工中定位尺寸的调定,对测量仪器、工具的调整、校正等。

普通量块一般为正六面体,标称尺寸≤10mm 的量块,其截面尺寸为 30mm×9mm;>10～1000mm 的量块,截面尺寸为 35mm×9mm。量块组合使用时,一般是以尺寸较小的量块的下测量面与尺寸较大的量块的上测量面相研合。

图 4.25

量块通常是成套生产的。一套量块包括许多不同尺寸的量块,以供按需要组合成不同的尺寸使用。具体量块的尺寸系列可参见国家的相关标准(GB 6093—2001)。

【操作要点】

① 使用前,应先看有无检定合格证及时间是否在检定周期之内,其等级是否符合使用要求。

② 使用前,先将表面的防锈油用脱脂棉或软净纸擦去,再用清洗剂清洗一至两遍,擦干后放在专用的盘内或其他专放位置。不要对着量块呼吸或用口吹工作面上的杂物。

③ 使用的环境和条件是否符合使用的温度规范要求,包括等温要求。

④ 使用时,应避免跌落和碰伤,量块离桌面的距离应尽量小。

⑤ 尽量避免用手直接接触量块的工作面,接触后应仔细清洗以免生锈。

⑥ 手持量块的时间不应过长,以减小手温的影响。

⑦ 用完后及时清洗涂油,放入盒中。涂油时用竹夹子夹住量块,用毛刷或毛笔涂抹,涂抹要稀薄均匀全面。

2. 光滑极限量规

光滑极限量规是用以检验没有台阶的光滑圆柱形孔、轴直径尺寸的量规,在生产中使用最广泛。按国家标准规定,量规的检验范围是基本尺寸(1~500)mm,公差等级为 IT6—IT16 的光滑圆柱形孔和轴。

检验孔径的量规叫做塞规,检验轴径的量规叫做卡规。轴径也可用环规即用高精度的完整孔来检验,但操作不便,又不能检验加工中的轴件(两端都已顶持),故很少应用。

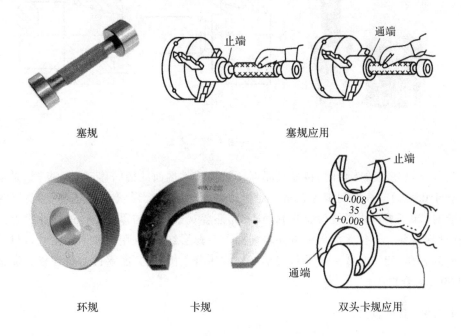

塞规　　　　　　塞规应用

环规　　　　　　卡规　　　　　　双头卡规应用

图 4.26

塞规和卡规都是成对使用的,其中一个为"通规",用以控制孔的最小极限尺寸 D_{min} 和轴的最大极限尺寸 d_{max},另一个为"止规",用以控制孔的最大极限尺寸 D_{max} 和轴的最小极限尺寸 d_{min}。检验时,若通规能通过被检孔、轴,而止规不能通过,则表示被检孔、轴的尺寸合格。

【操作要点】

① 使用前,要先核对量规上标注的基本尺寸、公差等级及基本偏差代号等是否与被检件相符。了解量规是否经过定期检定及检定期限是否过期(过期不应使用)。

② 使用前,必须检查并清除量规工作面和被检孔、轴表面(特别是内孔孔口上)的毛刺、锈迹和铁屑末及其他污物。否则不仅检验不准确,还会磨伤量规和工件。

③ 检验工件时,一定要等工件冷却后再检验,并在量规上应尽可能安装隔热板,以供使用时用手握持,否则将产生很大的热膨胀误差而造成误检。

④ 检验孔件时,用手将塞规轻轻地送入被检孔,不得偏斜。量规进入被检孔中之后,不要在孔中回转,以免加剧磨损。

⑤ 检验轴件时,用手扶正卡规(不要偏斜),最好让其在自重作用下滑向轴件直径位置。

⑥ 量规属精密量具,使用时要轻拿轻放。用完后工作面上涂一层薄防锈油,放在木盒内或专门的位置,不要将量规与其他工具杂放在一起,要注意避免磁损、锈蚀和磁化。

3. 圆锥量规

圆锥量规用于综合检验光滑圆锥体工件的锥角和圆锥直径的量具,可满足锥体制件的互换,实现锥度传递及检测,在机械加工中应用广泛。与检验光滑圆柱件的光滑极限量规一样,检验内锥体用塞规,检验外锥体用环规。

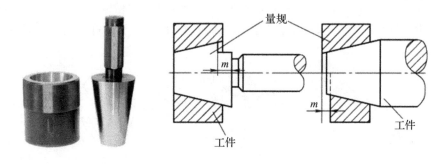

图 4.27

用圆锥量规检验工件时,按量规相对于被检零件端面的轴向移动量判断,如果零件圆锥端面介于量规两刻线之间则为合格。对锥体的直径、锥角、形状、精度有更高要求的零件进行检验时,除了要求用量规检验其基面距外,还要观察量规与零件锥体的接触斑点。即测量前,在量规表面 3 个位置沿母线方向均匀涂上一薄层红丹粉(用机油调成糊状),然后与被测工件一起轻研,旋转 $1/3\sim1/2$ 圈,观察零件锥体着色情况,判断零件是否合格。通常接触面达到 80% 为合格。

4.4.8 其他量具

1. 表面粗糙度比较样块

图 4.28

【用途】以样块工作面的表面粗糙度为标准,与待测工件表面进行比较,从而判断其表面粗糙度值。比较时,所用样块须与被测件的加工方法相同。

【特点】用样块检验工件,虽不能得出具体的粗糙度参数值,但由于它简单方便,效率高,对中低精度的工件表面能作出粗糙度是否合格的可靠判断,故在生产中应用广泛。

【规格】

表面加工方式		每套数量	表面粗糙度参数公称值(μm)	
			R_a	R_z
铸造 (GB/T 6060.1—1997)		12	0.2,0.4,0.8,1.6,3.2,6.3,12.5, 25,50,100	800,1600
机加工 (GB/T 6060.2—1985)	磨	8	0.025,0.05,0.1,0.2,0.4,0.8, 1.6,3.2	—
	车、镗	6	0.4,0.8,1.6,3.2,6.3,12.5	—
	铣	6	0.4,0.8,1.6,3.2,6.3,12.5	—
	插、刨	6	0.8,1.6,3.2,6.3,12.5,25	—
电火花(GB/T 6060.3—1986)		6	0.4,0.8,1.6,3.2,12.5	—
抛光 (GB/T 6060.4—1988)		7	0.012,0.025,0.05,0.1,0.2,0.4,0.8	—
抛丸、喷砂 (GB/T 6060.5—1988)		10	0.2,0.4,0.8,1.6,3.2,6.3,12.5,25, 50,100	—

注:R_a—表面轮廓算术平均偏差;

R_z—表面轮廓微观不平度 10 点高度。

2. 塞尺

图 4.29

【用途】又名厚薄规、测隙规。是用于检测各种间隙的尺寸,与平尺、量块等配合使用,还可检测某些导轨、工作台或平台的直线度和平面度。塞尺的测量准确度,一般约为 0.01mm。

【规格】(JB/T 8788—1998)一般是成组供应,成组塞尺由不同厚度的金属薄片组成,每个薄片都有两个相互平行的测量面,并有较准确的厚度值。成组塞尺有 A 型和 B 型之分。

型别	塞尺片长度/mm	塞尺片厚度系列及组装顺序/mm	每组片数
A型和B型	75,100,150,200,300	保护片,0.02＊,0.03＊,0.04＊,0.05＊,0.06,0.07,0.08,0.9,0.10,保护片	13
		1.00,0.05,0.06,0.07,0.08,0.09,0.10,0.15,0.20,0.25,0.30,0.40,0.50,0.75	14
		0.50,0.02,0.03,0.04,0.05,0.06,0.07,0.08,0.09,0.10,0.15,0.20,0.25,0.30,0.35,0.40,0.45	17
		1.00,0.05,0.10,0.15,0.20,0.25,0.30,0.35,0.40,0.45,0.50,0.55,0.60,0.65,0.70,0.75,0.80,0.85,0.90,0.95	20
		0.50,0.02＊,0.03＊,0.04＊,0.05＊,0.06,0.07,0.08,0.09,0.10,0.15,0.20,0.25,0.30,0.35,0.40,0.45	21

注:①表中带＊塞尺片每组配置两片。保护片不计在片数内。

②按用户需要可供应单片塞尺片。

③A型塞尺片端头为半圆形;B形塞尺片前端为梯形,端头为弧形。

④塞尺片厚度偏差及弯曲度,分特级和普通级。

⑤成组塞尺的组别标记,以塞尺片长度、型别和片数表示。例:300A21。

【操作要点】

①测量时,应先用较薄的塞尺片插入被测间隙,如还有空隙,则依次换用稍厚的塞尺片插入,直到恰好塞入间隙后不过松也不过紧为止。对比较大的间隙,也可用多片塞尺重合一并塞入进行检测,但这样测量误差较大。

②由于塞尺的片很薄,容易弯曲和折断,因此测量时不能用力过大。

③插入间隙时不要太紧,更不得用力硬塞。

④不要测量高温零件,以免变形,影响精度。

⑤使用后,应在表面涂以薄层的防锈油,并收回到保护板内。

3. 螺纹样板

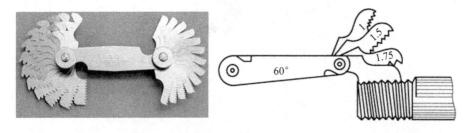

图 4.30

【用途】又称螺距规、螺纹规。用以与被测螺纹比较的方法来确定被测螺纹的螺距(或英制55°螺纹的每25.4mm牙数)。

【规格】(JB/T 7981—1995)样板厚度:0.5mm。

普通螺纹(20片)	螺距(mm):0.4,0.45,0.5,0.6,0.7,0.75,0.8,1,1.25,1.5,1.75,2,2.5,3,3.5,4,4.5,5,5.5,6
英制螺纹(18片)	每25.4mm牙数:28,24,22,20,19,18,16,14,12,11,10,9,8,7,6,5,4.5,4

【操作要点】

① 测量螺距时,样板牙型大小与被测零件上的螺纹牙型大小相吻合,样板标值即为所测零件螺距。

② 测量时,要可能利用螺纹样板上的螺纹工作部分长度,最好是全部螺牙与被测螺纹套合。

③ 当光线不足,螺纹样板与零件螺纹吻合程度难以判断时,可通过对灯光看缝隙大小来判断。

④ 英制 55°螺纹除用来测量英制螺纹外,还可测量管螺纹及锥管螺纹。

⑤ 螺纹样板上的螺牙易碰损,虽是低精度量具,使用时也应小心仔细。

⑥ 用完后涂上防锈油,并收回到保护板内。

4. 半径样板

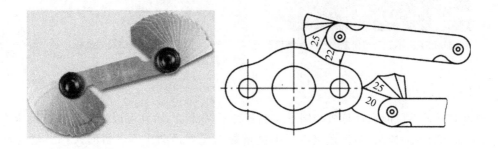

图 4.31

【用途】又称半径规、R 规。用以与被测圆弧作比较来确定被测圆弧的半径。凸形样板用于检测凹表面圆弧,凹形样板用于检测凸表面圆弧。

【规格】(JB/T 7980—1999)每套不同尺寸的凸形和凹形样板各 16 件组成。

组别	半径尺寸系列/mm	样板宽度/mm	样板厚度/mm
1	1,1.25,1.5,1.75,2,2.25,2.5,2.75,3,3.5,4,4.5,5,5.5,6,6.5	13.5	
2	7,7.5,8,8.5,9,9.5,10,10.5,11,11.5,12,12.5,13,13.5,14,14.5	20.5	0.5
3	15,15.5,16,16.5,17,17.5,18,18.5,19,19.5,20,21,22,23,24,25		

4.5　三坐标测量

4.5.1　三坐标测量概述

三坐标测量机(CMM)是 20 世纪 60 年代发展起来的一种新型、高效的精密测量仪器。

它的出现,一方面是由于自动机床、数控机床高效率加工以及越来越多复杂形状零件加工需要有快速可靠的测量设备与之配套;另一方面是由于电子技术、计算机技术、数字控制技术以及精密加工技术的发展为三坐标测量机的产生提供了技术基础。1956 年,英国 FERRANTI 公司研制成功世界上第一台三坐标测量机;世界上首台龙门式测量机分别如图 4.32 所示。

1965年FERRANTI公司研制的三坐标测量机

世界上首台龙门式测量机

图 4.32

现代 CMM 不仅能在计算机控制下完成各种复杂测量,而且可以通过与数控机床交换信息,实现对加工的控制,并且还可以根据测量数据实现逆向工程。目前,CMM 已广泛用于机械制造业、汽车工业、电子工业、航空航天工业和国防工业等各部门,成为现代工业检测和质量控制不可缺少的万能测量设备。

1. 测量原理

三坐标测量机利用(有各种不同直径和形状的探头)接触探头逐点地捕捉样件表面的坐标数据。当探头上的探针沿样件表面运动时,样件表面的反作用力使探针发生形变,这种形变由连接在探针上的三坐标方向的弹簧产生的位移反映出来,并通过传感器测出其大小和方向,再通过数模转换,由计算机显示、记录所测的点数据。

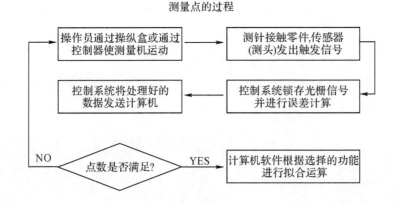

图 4.33

① 在坐标空间中,可以用坐标来描述每一个点的位置。

② 多个点可以用数学的方法拟合成几何元素,如:面、线、圆、圆柱、圆锥等。

③ 利用几何元素的特征,如:圆的直径、圆心点、面的法矢、圆柱的轴线、圆锥顶点等可以计算这些几何元素之间的距离和位置关系、进行形位公差的评价。

④ 将复杂的数学公式编写成程序软件,利用软件可以进行特殊零件的检测。齿轮、叶片、曲线曲面、数据统计等。

⑤ 主要算法是最小二乘法。

在三坐标测量机上安装分度头、回转台(或数控转台)后,系统具备了极坐标(柱坐标)系测量功能。具有 X、Y、Z、C 4 个轴的坐标测量机称为四坐标测量机。按照回转轴的数目,也可有五坐标或六坐标测量机。

2. 传统测量技术与坐标测量技术的区别

坐标测量技术	传统测量技术
简单地调用所对应的软件完成测量任务	专用测量仪和多工位测量很难适应测量任务的改变
不需要对工件进行特殊调整	对工件要进行精确、及时的调整
尺寸、形状和位置的评定在一次安装中即可完成	尺寸、形状和位置测量在不同的仪器上进行
与数学的或数学模型进行测量比较	与实体标准或运动标准进行测量比较
产生完整的数学信息,完成报告输出	不相干的测量数据
统计分析和 CAD 设计	手工记录测量数据

4.5.2　三坐标测量机的组成

三坐标测量机种类繁多、形式各异、性能多样,因所测对象和放置环境条件各异也不尽相同,但大体上由若干具体一定功能的部分组合而成,大致可以分为主机、探测系统、电气系统三大部分,如图 4.34 所示。

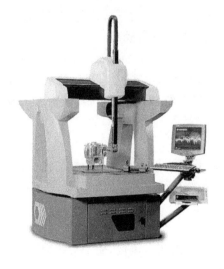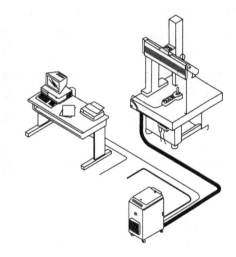

图 4.34

1. 主机

三坐标测量机的主机结构如图 4.35 所示。

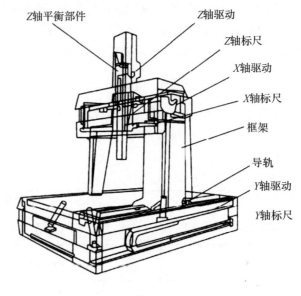

图 4.35

1) 框架结构

指测量机的主体机械结构架子,是工作台、立柱、桥框、壳体等机械结构的集合体。

2) 标尺系统

标尺系统是测量机的重要组成部分,是决定仪器精度的一个重要环节。所用的标尺有线纹尺、光栅尺、磁尺、精密丝杠、同步器、感应同步器及光波波长等。

3) 导轨

导轨是测量机实现三维运动的重要部件。常采用滑动导轨、滚动轴承导轨和气浮导轨,而以气浮静压导轨较广泛。气浮导轨由导轨体和气垫组成,有的导轨体和工作台合二为一。气浮导轨还应包括气源、稳定器、过滤器、气管、分流器等一套气动装置。

4) 驱动装置

驱动装置是测量机的重要运动机构,可实现机动和程序控制伺服运动的功能。在测量机上一般采用的驱动装置有丝杠螺母、滚动轮、光轴滚动轮、钢丝、齿形带、齿轮齿条等传动,并配以伺服马达驱动,同时直线马达也正在增多。

5) 平衡部件

平衡部件主要用于 Z 轴框架结构中,其功能是平衡 Z 轴的重量,以使 Z 轴上下运动时无偏重干扰,使检测时 Z 向测力稳定。Z 轴平衡装置有重锤、发条或弹簧、汽缸活塞杆等类型。

6) 转台与附件

转台是测量机的重要元件,它使测量机增加一个转动的自由度,便于某些种类零件的测量。转台包括数控转台、万能转台、分度台和单轴回转台等。

坐标测量机的附件很多,视测量需要而定。一般指基准平尺、角尺、步距规、标准球体、测微仪以及用于自检的精度检测样板等。

2. 探测系统

探测系统是由测头及其附件组成的系统,测头是测量机探测时发送信号的装置,它可以输出开关信号,亦可以输出与探针偏转角度成正比的比例信号,它是坐标测量机的关键部件,测头精度的高低很大程度决定了测量机的测量重复性及精度;不同零件需要选择不同功能的测头进行测量。

侧头根据其功能可以分为触发式、扫描式、非接触式(激光、光学)等。

1)触发式测头

图 4.36

触发式测头(Trigger Probe)又称为开关测头,是使用最多的一种测头,其工作原理是一个开关式传感器。当测针与零件产生接触而产生角度变化时,发出一个开关信号。这个信号传送到控制系统后,控制系统对此刻的光栅计数器中的数据锁存,经处理后传送给测量软件,表示测量了一个点。

2)扫描式测头

图 4.37

扫描式测头(Scanning Probe)又称为比例测头或模拟测头,有两种工作模式:一种是触发式模式,一种是扫描式模式。扫描测头本身具有三个相互垂直的距离传感器,可以感觉到与零件接触的程度和矢量方向,这些数据作为测量机的控制分量,控制测量机的运动轨迹。

扫描测头在与零件表面接触、运动过程中定时发出信号,采集光栅数据,并可以根据设置的原则过滤粗大误差,称为"扫描"。扫描测头也可以触发方式工作,这种方式是高精度的方式,与触发式测头的工作原理不同的是它采用回退触发方式。

3)非接触式(激光、光学)测头

非接触式测头(Non-Contact Probe)不需与待测表面发生实体接触的探测系统,例如光学探测系统、激光扫描探测系统等。

在三维测量中,非接触式测量方法由于其测量的高效性和广泛的适应性而得到了广泛的研究,尤其是

图 4.38

以激光、白光为代表的光学测量方法更是备受关注。根据工作原理的不同,光学三维测量方法可被分成多个不同的种类,包括摄影测量法、飞行时间法、三角法、投影光栅法、成像面定位方法、共焦显微镜方法、干涉测量法、隧道显微镜方法等。采用不同的技术可以实现不同的测量精度,这些技术的深度分辨率范围为 103~106mm,覆盖了从大尺度三维形貌测量到微观结构研究的广泛应用和研究领域。

4)测座

图 4.39

测座控制器可以用命令或程序控制并驱动自动测座的旋转到指定位置。手动的测座只能由人工手动方式旋转测座。

5)附件

加长杆和测针:适于大多数检测需要的附件。可确保测头不受限制的对工件所有特征元素进行测量,且具测量较深位置特征的能力。

侧头更换架:对测量机测座上的测头/加长杆/探针组合进行快速、可重复的更换。可在同一的测量系统下对不同的工件进行完全自动化的检测,避免程序中的人工干预,提高测量效率。

加长杆和测针

侧头更换架

图 4.40

3．电气系统

1）电气控制系统

电气控制系统具有单轴与多轴联动控制、外围设备控制、通信控制与保护和逻辑控制等功能。

2）计算机硬件

三坐标测量机可以采用各种计算机，一般采用 PC 机和工作站等。

3）测量机软件

测量机软件包括控制软件与数据处理软件。这些软件可进行坐标变换与测头校正，生成探测模式与测量路径，可用于基本几何元素及其相互关系测量，形位误差测量，曲线与曲面测量等。同时具有统计分析、误差补偿和网络通信等功能。

4）打印与绘图装置

此装置可根据测量要求，打印出数据、表格，亦可以绘制图形，作为测量结果的输出设备。

4.5.3　三坐标测量机分类

1．按技术水平分类

1）数字显示及打印型（N）

主要用于几何尺寸测量，能以数字形式显示，并可打印测量结果。一般采用手动测量，但大多数具有微动和机动装置。这种测量机的水平不高，虽然提高了测量效率，但需要人工计算记录下来的数据。

2）带小型计算机的测量机（NC）

这种测量机水平略高，测量过程仍然是手动或机动的。由计算机可进行诸如工件安装倾斜的自动校正计算、坐标变换、中心距计算、偏差值计算及自动补偿等工作，并可预先储备一定量的数据，通过计量软件存储所需测量件的数学模型和对曲线表面轮廓进行扫描计算。

3）计算机数字控制型（CNC）

这种测量机的水平较高，可按照编制好的程序自动进行测量。按功能可分为：

① 编制好的程序对已加工好的零件进行自动检测,并可自动打印出实际值和理论值之间的误差以及超差值;

② 可按实物测量结果编程,与数控加工中心配套使用,测量结果经计算机进行处理,生成针对各种机床的加工控制代码。

2. 按结构形式分类

三坐标测量机的结构形式主要取决于三组坐标轴的相对运动方式,它对测量机的精度和适用性影响很大。按机械结构形式分有桥式、龙门式、悬臂式、坐标镗床、卧镗式和仪器台式等。

1)桥式

按运动形式的不同,桥式三坐标测量机又可分为移动桥式和固定桥式。

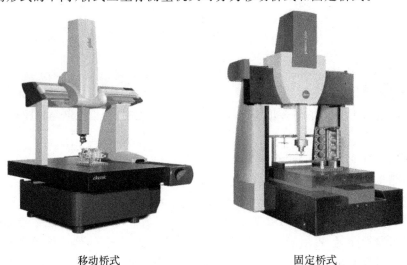

移动桥式   固定桥式

图 4.41

(1)移动桥式

放置被测物的工作平台不动,桥式框架沿工作平台上的气浮导轨平行移动,导轨在工作台两侧,电动机单边驱动。

优点:结构简单,结构刚性好,承重能力大,工件重量对测量机的动态性能没有影响。开敞性比较好,视野开阔,上下零件方便。运动速度快,精度比较高。有小型、中型、大型几种形式。

缺点:单边驱动,扭摆大,容易产生扭摆误差;光栅偏置在工作台一边,产生的阿贝误差较大,对测量机的精度有一定影响。

移动桥式测量机是目前中小型测量机的主流机型,占中小型测量机总量的 70%～80%。

(2)固定桥式

桥式框架被固定在基座上不能移动,由放置被测物的工作台沿基座上的导轨移动。

优点:由于桥架固定,刚性好,载荷变化时整机的机械变形小,动台中心驱动、中心光栅阿贝误差小,使这种结构的测量机精度非常高,是高精度和超高精度的测量机的首选结构。

缺点:因测量时是工作台移动,工作台刚性较差,当载荷变化时易产生变形误差,所以工件重量不宜太大;基座长度大于 2 倍的量程,所以占据空间较大;操作空间不如移动桥式的开阔。

2)龙门式

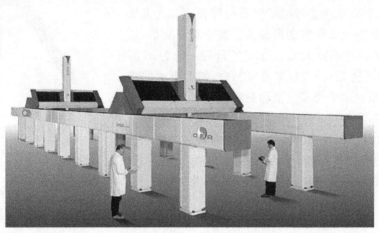

图 4.42

龙门式坐标测量机一般为大中型测量机,要求较好的地基,立柱影响操作的开阔性,但减少了移动部分质量,有利于精度及动态性能的提高,正因为此,近来亦发展了一些小型带工作台的龙门式测量机。龙门式测量机最长可到数十米,由于其刚性要比水平臂式好,因而对大尺寸而言可具有足够的精度。

龙门式坐标测量机是大尺寸工件高精度测量的首选。适合于航空、航天、造船行业的大型零件或大型模具的测量。一般都采用双光栅、双驱动等技术,提高精度。

3)水平臂式

图 4.43

水平臂式是悬臂式的一种,由于其工作台直接与地基相连,故又被称为地轨式三坐标测量机。从理论上讲,水平臂式三坐标测量机的导轨可以做得很长,并可以由两台机器共同组成双臂测量机,所以这种形式的测量机广泛应用于汽车和飞机制造工业中,尤其适合汽车工业钣金件的测量。

优点:结构简单,开敞性好,测量范围大。

缺点:水平悬臂梁的变形与 Y 向行程的 4 次方成正比;在固定载荷下,水平悬臂梁的变形与臂长的 3 次方成正比,以上原因造成水平臂变形较大。鉴于悬臂变形,这类测量机的 Y 行程不宜太大。目前 Y 行程一般为 1.35～1.5m,个别可达 2m。汽车车身检测中,需要更大的量程时,一般采用双水平臂式三坐标测量机。

4)关节臂式

关节臂式测量机是由几根固定长度的臂通过绕互相垂直轴线转动的关节(分别称为肩、肘和腕关节)互相连接,在最后的转轴上装有探测系统的坐标测量装置。

关节臂式测量机具有非常好的灵活性,适合携带到现场进行测量,对环境条件要求比较低。

一般来说关节臂式测量机的精度比传统的框架式三坐标测量机精度要低,精度一般为 10 微米级以上,加上只能手动,所以选用时要注意应用场合。

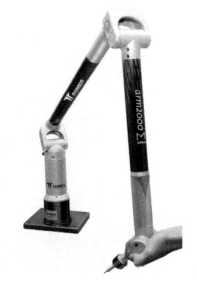

图 4.44

4.5.4　三坐标测量机的测量方式

早期的坐标测量机以手动测量和通过操纵杆控制运动的机动测量的为主,当时的控制系统主要完成空间坐标值的监控与实时采样。随着计算机技术及数控技术的发展,编程测量变得日益普及,高精度、高速度、智能化成为坐标测量机发展的主要趋势。

1. 手动测量

采用手动测量这种测量方法的坐标测量机的机构简单,甚至连驱动电机都没有,因而操作简单,价格低廉,在车间中广泛应用。

2. 编程测量

编程测量的进给是由计算机控制的,可以实现自动测量、学习测量、扫描测量。

与手动测量相比,编程测量的控制系统要复杂得多。它除具有空间坐标测量系统、瞄准系统外,还要实现对三轴机械运动的控制。每个轴的运动要求平稳可靠,以保证测量精度。每个轴的运动都是由一套伺服系统控制的,要求三轴甚至转台精确配合,以实现联动,保证按设定的空间轨迹进给,自动完成测量任务。为保证测量机的安全性和测量数据的可靠性,还要对测量机的运行状态进行实时监测,所有这些都是由程序控制来实现的。这些程序主要有以下三种途径编制:

1)联机编程

"联机编程"又称"自学习编程",是指为精确测量某一零件或是为了能自动测量相同的一批零件,计算机把手动操作的过程及信息记录下来,并储存在文件中,重复测量时,只需调用该文件,便可完成以前记录的全部测量过程。联机编程需要测量机处手工作状态,占用较多的机时。

2）脱机编程

脱机编程就是在远离坐标测量机的任意一台计算机上，使用任意的编辑工具，根据零件图纸编制三坐标测量机的"零件测量程序"。它与坐标测量机的开启状态无关。一些新型通讯协议（如 DMIS）已使联机编程与脱机编程这两种编程方式能够通用。

3）自动编程

CAD/CAM 技术与坐标测量技术集成起来将会给工业检测带来革命性的变化。三坐标测量机一方面读取 CAD 数据文件，自动构造虚拟工件，另一方面接受由 CAM 加工的实际工件，并根据虚拟工件自动制定实际工件的检测规划，自动生成测量路径，实现无人自动测量，并将实际工件的检测结果返回给主控机。

4.5.5 三坐标测量机的应用

三坐标测量机是一种高效率的精密量仪器。具有检测速度快、测量精度高、数据处理易于自动化等优点，其需求和应用领域不断扩大，不仅仅局限在机械、电子、汽车、飞机等工业部门，在医学、服装、娱乐、文物保存工程等行业也得到了广泛的应用。在模具设计和制造中也有着广泛的应用。

从模具设计初期所涉及的数字化测绘，到模具加工工序测量、修模测量，到模具验收测量和后期的模具修复测量；从电子类小尺寸模具到汽车类中大型模具和航天航空行业的大型模具测量，高精密测量设备无处不在。

迄今为止，模具质量检测用到的测量设备不仅包括了经典的固定式高精密三坐标测量机，同时，因为模具制造的特点，各种适合现场在线应用的测量设备，如便携式关节臂测量机、高效白光测量机、大尺寸激光跟踪仪等测量设备也纷纷粉墨登场，并通过接触、非接触式测量，影像与激光扫描以及照相测量等探测技术满足模具产品的检测需求。

在模具设计和制造中应用，主要体现在以下几方面。

1. 模具零件的常规测量

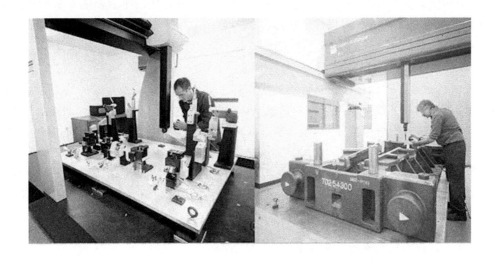

图 4.45

模具零件的常规测量是指摸具零件的形位误差(比如模板的平面度、平行度,导套的位置度、同轴度、控制型面的指定点位测量、装配和定位孔的直径和位置测量等)以及齿轮等特殊零件的测量。

2. 模具曲面的测量

图 4.46

曲面测量在机械制造、汽车、航空航天等工业中具有广泛的应用。发动机翼片、飞机机翼、模具曲面都需要曲面测量。模具在现代工业生产中具有极其重要的地位,汽车外壳生产主要靠冲压模具,家电、玩具生产大量需要注塑模具。还有一类反求工程,通过三坐标测量机采用连续扫描测头或激光测头对反求表面(木模或油泥模型)进行测量。获得"点云"数据,然后应用曲面重构技术获得反求表面的 CAD 模型。可直接用于后面的 CAM 编程加工模具曲面。这种技术在汽车覆盖件的冲压模具制造中应用十分广泛,其中一项关键技术就是曲面的测量。

3. 在机测量(如图 4.47)

模具加工过程中的修模工作是传统的模具加工业上非常繁琐漫长的工作,而运用在机测量,我们就可以在工件不脱离机床的前提下,在机床上直接进行三维尺寸如定位面、曲面曲线特征的测量,并根据检测结果,做出快速及时的反应,甚至在其精细加工的时候,我们可以根据检测结果直接进行余量辅助加工。这样,通过在机测量可以有效地提高修模工作效率和效果,同时提高产品质量,缩短产品出厂周期,也提高了产品的合格率,有效节省了模具的生产成本。目前,在机测量已经成为国际上模具行业获取竞争力的一种有效的过程控制方式。

4.5.6 如何选择测量机的安装地点(如图 4.48)

选择测量机安装地点时,要考虑机器类型、外形尺寸、机器重量、结构形式、周围环境,如振动情况、温度条件、适合的吊装、辅助设备如:合适的气源、电源的安排等。

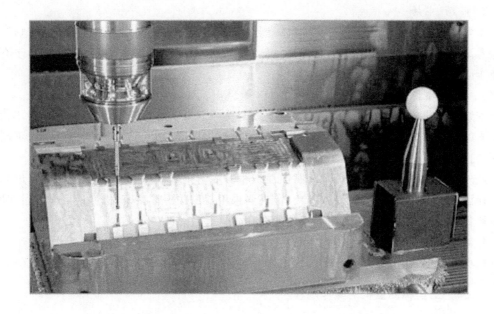

图 4.47

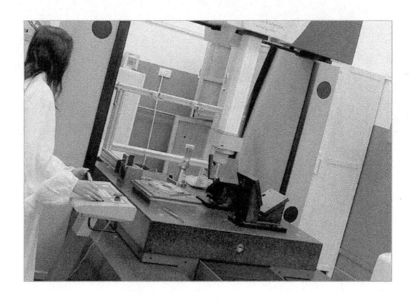

图 4.48

1. 空间

安装地点必须有适当的空间,这样便于机器就位操作和机器正常工作状态下的各种操作,也有利于室内温度控制。测量机的摆放位置要便于上下零件和方便维修操作且美观和谐。例如:测量机主机和控制系统之间的最小距离是 600mm,尤其应保证测量机和机房的天花板之间预留 100mm(或 200mm)左右的最小空间。

2．磁场、电场

不要建在强电场、强磁场附近，如电源断电设备、变压器、电火花加工机床、变频电炉、电弧焊及滚焊机等；以及高粉尘区、腐蚀性气体源附近。对于有害气体车间，必须布置于有害气体车间的上风。

3．温度、湿度

安装测量机最合适的地方是温度、湿度和振动等都可以被稳定控制的房间，一般不适于有阳光的直射方向，最好朝向为北向或没有窗户，因为阳光对于室内的温度有影响，不利于温度的控制。

此外测量机房间必须清洁，没有腐蚀性灰尘和脱落的漆层等。门窗的设计应考虑到机房的保温要求，设备、零件进出的需要。窗户要采用双窗并配置窗帘，机房最好设置过渡间，尽量避免布置在有两面相邻外墙的转角处和在附近有强热源的地方。

4．振动

机房不要建在有强振源、高噪声区域，如：附近有冲床，压力机，锻造设备，打桩机等。

4.5.7 三坐标测量机的操作规程

图 4.49

操作规程通常分为三部分：

1．工作前的准备

1）检查温度情况，包括测量机房，测量机和零件；连续恒温的机房只要恒温可靠，能达到测量机要求的温度范围，则主要解决零件恒温（按规定时间提前放入测量机房）。

2）检查气源压力，放出过滤器中的油和水，清洁测量机导轨及工作台表面。

3）开机运行一段时间，并检查软件、控制系统、测量机主机各部分工作是否正常。

2．工作中

1）查看零件图纸，了解测量要求和方法，规划检测方案或调出检测程序。

2）装放置被测零件过程，要注意遵守吊车安全的操作规程，保护不损坏测量机和零件，零件安放在方便检测,阿贝误差最小的位置并固定牢固。

3)按照测量方案安装探针及探针附件,要按下紧急停再进行,并注意轻拿轻放,用力适当,更换后试运行时要注意试验一下测头保护功能是否正常。

4)实施测量过程中,操作人员要精力集中,首次运行程序时要注意减速运行,确定编程无误后再使用正常速度。

5)一旦有不正常的情况,应立即按紧急停,保护现场,查找出原因后,再继续运行或通知维修人员维修。

6)检测完成后,将测量程序和程序运行参数及测头配置等说明存档。

7)拆卸(更换)零件,清洁台面。

3. 关机及整理工作

1)将测量机退至原位(注意,每次检测完后均需退回原位),卸下零件,按顺序关闭测量机及有关电源。

2)清理工作现场,并为下一次工作做好准备。

4.6 量具的保养与维护

正确地使用量具是保证产品质量的重要条件之一。要保持量具的精度和它工作的可靠性,以及延长量具的使用期限,除了在使用中要按照合理的使用方法进行操作以外,还必须做好量具的维护和保养工作。

① 测量前,应把量具的测量面和零件的被测量表面都要擦干净,以免因有脏物存在而影响测量精度和对量具的磨损。

② 量具在使用过程中,不要和其他工具、刀具如锉刀、榔头、车刀和钻头等堆放在一起,以免碰坏。也不要随便放在机床上,免因机床振动而使量具掉下来损坏。

③ 在机床上测量零件时,要等零件完全停稳后进行,否则不但使量具的测量面过早磨损而失去精度,且会造成事故。

④ 量具是测量工具,绝对不能作为其他工具的代用品。如拿游标卡尺划线、百分表拿手中任意挥动或摇转等,都会影响量具的精度。

⑤ 温度对测量结果、量具精度影响都很大,一般可在室温下进行测量,但必须使工件与量具的温度一致,否则使测量结果不准确。

更不要把精密量具放在热源(如电炉,热交换器等)附近,以免使量具受热变形而失去精度。

⑥ 发现精密量具有不正常现象时,如量具表面不平、有毛刺、有锈斑以及刻度不准、尺身弯曲变形、活动不灵活等等,使用者不应自行拆修,应当主动送计量站检修,并经检定量具精度后再继续使用。

⑦ 量具使用后,应及时揩干净,除不锈钢量具或有保护镀层者外,金属表面应涂上一层防锈油,放在专用的盒子里,保存在干燥的地方,以免生锈。

⑧ 精密量具应实行定期检定和保养,长期使用的精密量具,要定期送计量站进行保养和检定精度,以免因量具的示值误差超差而造成产品质量事故。

第5章 模具绘图

5.1 模具绘图简介

由于模具种类繁多,如塑料模、冲压模、锻模、压铸模、粉末冶金模、橡胶模、玻璃模、铝型材挤压模,以及陶瓷模等。其中以塑料模中的注塑模和冲压模应用最广泛,本章主要探讨注塑模具绘图知识与技能。

在整个模具生产过程中,为了缩短模具生产周期,工程部需在最短的时间内提供满足各种需要的图纸,可分为设计图、工艺图两大类。其中设计图如模具结构草图、3D 模型图、装配图、零件图等;工艺图如模架图、采购图、水路及推杆位置图、线切割图、电极图,以及其他加工工艺图等。

通常情况下,设计图由模具设计师或模具制图员来绘制,工艺图由模具制造工艺师来完成。但有时或有些企业(无工艺部)很多工艺图是由模具设计师绘制,如模架图、采购图、推杆位置图等。

5.1.1 背景知识

绘制模具图之前需要掌握的前期课程:

① 模具制图基础(技术制图、公差与配合、形状和位置公差、表面粗糙度);

② 设计软件基础(UGNX 建模、装配等模块基本应用;UG 制图模块熟练应用;AUTO-CAD 熟练应用以及办公软件基本操作);

③ 模具基础知识(模具结构的认知、拆装、零件的测量以及模具制造基础)。

5.1.2 各种模具图的作用或要求

如上所述,模具图纸一般分为设计图纸和工艺图纸,绘制模具图纸要特别注意图纸使用的对象,例如装配图主要给模具钳工、注塑工等使用,工艺图纸主要给加工的人员使用。

1. 设计图

设计图主要包括结构草图(排位图)、3D 模型图(由模具设计师完成)、装配图、零件图等。

1) 结构草图

主要用来订购模架,内模镶件与开框,给设计员以指引用和模具设计前期与客户沟通使用,可由设计工程师根据主管指示在电脑上绘制。

2) 3D 模型图

3D 模型图即立体图。随着 3D 绘图软件的普及,以及注塑模加工中普遍使用电极加工和数控加工,3D 分模已显得越来越重要。一般有如下规定。

① 所有制品,都要用 UG 或 Pro/E 制作 3D 制品模型。

② 需要数控铣床或电极加工的模具,都要有 3D 模具图。3D 模具图应至少包括动、定模型芯和镶件,定模板、动模板;有侧向抽芯的模具要做出抽芯镶件,滑块座;有斜推杆的模具要做出斜推杆,斜推杆座,推杆板。

③ 除推杆孔、螺孔、棱边倒角外,其他所有形状都要在 3D 模型中做出。

④ 3D 分模装配图名称应与 2D 模具结构图一致,3D 零件图名称应与 2D 零件图一致。

3)装配图

模具装配图主要表达该模具的构造,零件之间的装配与连接关系,模具的工作原理及生产该模具的技术要求和检验要求等。用于与客户的沟通以及模具装配工在装配模具时参照。

4)零件图

零件图可以供采购与加工用,零件图反映了所加工零件的详细尺寸、尺寸公差、形位公差、粗糙度及技术要求。

2. 工艺图

工艺图主要包括模架图、线切割图、电极图、推杆位置图及其他加工工艺图等。

1)模架图

对于非供应商标准或需在模架厂开框加工的模架,要绘制模架图,其主要作用是提供给供应商加工用。

模架图一般以传真的方式给供应商报价及生产,如需做毛坯加工,还应向模架厂提供三维的毛坯数据。所以通常采用 A4 纸清晰表达所要加工的尺寸和要求,标准模架部分尺寸可不标注。

2)线切割图

当模具上的零件需要线切割加工时,一般由工艺人员绘制线切割图纸。线切割图的一般要求如下。

① 线切割图形一般用双点划线表达制品轮廓,用实线表达线切割部位。线切割图要有穿线孔位置及大小尺寸。线切割图要标注线切割大轮廓尺寸(可以用卡尺等简单测量的尺寸),复杂曲线轮廓可以不标注尺寸。

② 线切割图锐角部处理,如图 5.1 所示,图中线割方孔 2 件镶件左侧锐角要加 R0.15mm,以避开镶件凹槽部分。

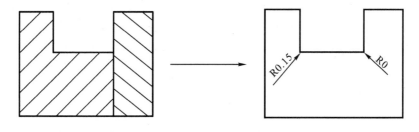

图 5.1

③ 切割轮廓线一般要用 1.5 倍粗实线表达。

3）电极图

模具零件上的一些深槽窄缝一般需要进行电火花加工，电极图主要用于需要放电加工的场合。

4）推杆位置图

对推杆数太多（超过 20 支以上）或推杆靠得太近，表达不清或镶件推杆需组合后加工时，推杆列表要单独出图，即推杆位置图。推杆位置宜取整数，制品小或复杂时也只能取一位小数。

5.1.3　企业现状

1. 设计内容

设计内容需根据企业中的分工情况来决定，企业中的分工情况一般有两类：全面型和分工合作型。

对于全面型，模具设计师设计的内容一般包括模具 3D 设计，装配图、零件图设计，模架图设计等。

对于分工合作型，不同的设计师所涉及的工作内容是不同的，有些是专门设计 3D 的，有些是专门绘制 2D 部分，包括装配图及零件图。

2. 相关规定

不同的模具企业对于模具绘图有不同的规定，这些规定主要包括以下几点：

① 投影方式：主要确定第一角投影法还是第三角投影法；

② 图纸尺寸规格、图框及标题栏、修改栏放置位置等；

③ 图层设置、图纸比例、线段分类及应用场合、文字使用等。

5.2　模具绘图的一般流程

模具绘图的内容通常包括：各种视图、图框及标题栏、明细表、尺寸标注、符号、技术要求等。

模具绘图的过程一般分为两类：一是图纸由三维软件投影及放置视图，由二维软件完成其他内容的工作；二是模具的图纸完全由二维软件绘制完成。

5.2.1　3D 到 2D 绘制流程

3D 到 2D 绘制的一般流程如下。

① 完成模具三维部分设计。

② 投影及剖切视图（视图表达）。

③ 将图纸转化为 dwg 格式。

④ 放置图框。

⑤ 标注尺寸，公差及注释（包括技术要求）。

⑥ 打印样式设置。

5.2.2　2D 绘制流程

2D 绘制流程(结构草图)的一般流程如下。

① 将产品图缩放到 1∶1,为尺寸加收缩率,镜像产品图并建立不同的图层。

② 由产品尺寸确定成型镶件尺寸。

③ 由镶件及抽芯机构确定模架大小。

④ 调入模架,详细设计抽芯机构。

⑤ 导向定位系统设计。

⑥ 浇注系统设计。

⑦ 推出系统设计。

⑧ 温度调节系统设计。

⑨ 其他结构件设计。

⑩ 放置图框、尺寸、公差标注、注释(包括技术要求)及打印样式设置。

5.3　模具装配图的绘制

5.3.1　视图表达要点

1. 投影方法的确定

应优先选用国家标准的第一角投影法,客户特殊要求除外。通常情况下,如果是国外客户,以采用第三角投影法居多。

2. 视图表达方法的优先选用及摆放

视图表达必须保证其完整性,即模具所有零部件的结构都应清晰地反映出来,如成型零部件、侧向分型与抽芯机构、模架、导向与定位系统、浇注系统、顶出系统、温度调节系统以及其他结构件等。

通常情况下,一副模具的装配图至少包括四张视图,具体如下:动模侧的俯视图;定模侧的底视图;平行于 X 轴的全模剖视图;平行于 Y 轴的全模剖视图,这四个主要的视图在装配图中的投影摆放方位如图 5.2 所示。

如图 5.2 所示的视图表达方法及摆放方式,在实际工作中应用广泛。此方法画动模侧视图时,假设将定模侧拆离;画定模侧视图时,假设动模侧拆离;动定模侧视图的摆放方向,应与模具安装在注塑机上的天侧朝向保持一致;所有的剖视图方向都旋转到定模侧在上,动模侧在下。

在实际模具装配图绘制时,为清楚起见,剖视图全部不画剖面线。

3. 其他常用表达方式

1)常采用立体图表示的有:动模侧、定模侧、冷却水路、侧向分型与抽芯机构以及产品图等。如图 5.3 所示。

2)没有表达出来的模具关键结构部分,需要增加一些部分剖视图来表达,一些结构太细小,看不清或不方便标识的,需要增加一些放大图来表示。如流道、浇口、排气口、密封圈等,

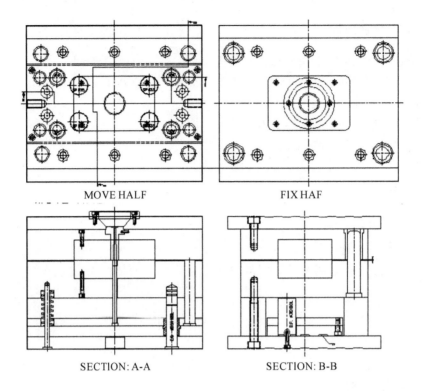

MOVE HALF　　　　　　　　FIX HAF

SECTION: A-A　　　　　　　SECTION: B-B

图 5.2

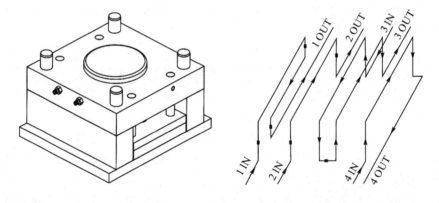

图 5.3

如图 5.4 所示。

　　3)如果产品分型复杂或难以在装配图中表达清楚的话,则可把 3D 产品的轴侧图放在装配图中,用箭头将分型线指示清楚。

　　4)装配图上应有详细的顶杆图和冷却水管图,并且标明进出水管的方向。

　　5)如果是用热流道的模具,则模具的装配图上要有电线插座示意图及接线方式。

　　6)如果有行程限位开关及顶出板安全结构的模具,要把它们的装配尺寸表达在模具装配图上。

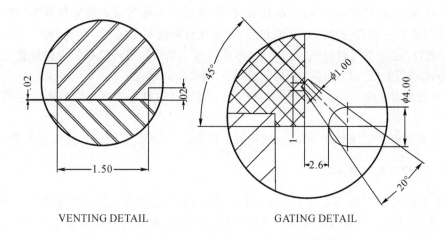

VENTING DETAIL   GATING DETAIL

图 5.4

4. 视图应整洁清晰

如推杆、复位杆、弹簧、支撑柱等零部件在图面上不可重叠在一起,不可避免时可各画一半或干脆增加局部视图(剖视图),来保证图面的整洁清晰。

需注意视图间的对齐及它们间的距离间隔,以达到图面的整洁清晰,并可使图纸打印效果最佳化。

5.3.2 图框大小设置及标题栏填写要点

绘图设计时尽量采用 1∶1 的作图比例,当非 1∶1 出图时,图框大小选择要能够保证模具视图按 1∶1 放置,视图在图框中的布置越紧凑越好,图框的大小比例可以缩放(虽然国家规定了制图的常用标准比例,而在实际工作中往往以图纸打印效果最佳化来选择图纸比例,即比例可自由缩放)。

装配图标题栏及修改栏大小应按照 1∶1 绘出,不得随意缩放。当非 1∶1 出图时,需将标题栏按打印比例缩放,保证标题栏大小永远不变(即 1∶1 和 2∶1 和 1∶2 打印出的图纸,其标题栏大小相同)。而且须保证标题栏填写齐全及准确,签名需手写。

5.3.3 明细表(BOM)填写要点

明细表填写一般要点如下。

① 明细表要列出装配图上所有零件(很多公司不包括螺钉,而在图面上采用注释直接表达)。有些公司也规定只列出外购零件。

② "名称栏"填上零件名称,零件名称要按公司标准称谓书写(可参考本书的中英文对照表附录),注意不同地区对于模具上相同的零件有不同的叫法。零件标准名称一律用中文名,除非客户特殊指定。

③ "规格尺寸"栏填写该零件规格尺寸,有小数点要进位取整数。

④ "数量"栏填该零件数量,对于易损件,难加工零件注意备多一些料,写法如下:"4+2",前面一个"4"表示该零件实际数量,后一个"2"表示预备料数量,预备料数量根据实际情况定。

⑤ "材料"栏填写零件材料,外购标准件写"供应商名称",自制标准件写"自制"。注意所有零件如需在公司进行加工后才能装配,必须在材料前写上"加工"字样,如"加工 P20"。

⑥ "备注"栏应填写材料热处理要求(标准件可不填写),另外模架和内模镶件已订的零件要在备注栏写上"已订"有零件图的零件写上"零"。

⑦ 明细表通常由设计人员用电脑制作(AutoCAD 中自动生成)打印,再由主管审核后发出。

⑧ 明细表正本文件存放于文控中心,副本两份。一份发至工厂,一份发至采购。

5.3.4 尺寸标注要点

如前所述,模具装配图主要表达该模具的构造,零件之间的装配与连接关系。所以装配图的尺寸标注主要是零部件的位置尺寸以及零部件之间的公差与配合关系尺寸,至于每个零件具体的形状尺寸由零件图来表达。

在实际工作中,绘图员通常难以解决的问题是到底哪些尺寸必须要标,哪些可以不标,以及有无漏标等。针对这个问题,如前所述,在标注尺寸前,必须注意使用对象的问题,例如,是给模具钳工使用,还是模塑工,因为使用对象的不同,对尺寸标注要求有很大的区别,这样就可检查标注尺寸是否合理、完整。具体探讨如图 5.5。

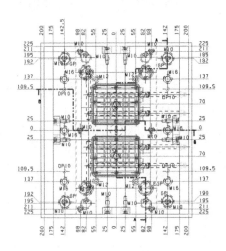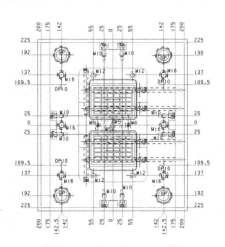

图 5.5

1. 装配图的基准

在尺寸标注之前,必须先确定标注基准。

① 设计基准:设计图样上所采用的基准。

② 产品基准:客户产品图纸的基准,所有关于胶位的尺寸由产品基准作为设计基准。

③ 装配基准:装配时用来确定零件或部件在模具中的相对位置所采用的基准。一般以模架中心作为装配基准(有些公司采用基准角作为装配基准)。所有运水、推杆、螺钉以及定位销等孔位与模架装配有关系的尺寸要以装配基准为设计基准。

2. 动、定侧视图的尺寸标注

动、定模侧视图中的定位尺寸均采用坐标标注法,标注之前先将坐标原点设置好。通常应标注零部件的大小和位置尺寸如下。

1) 内模镶件上各螺孔的位置。

2) 模座上各模板的大小。

3) 导柱,导套的位置。

4) 推板导柱的位置。

5) 定位块的位置和大小。

6) 大、小拉杆及其过孔的位置(三板模用)。

7) 定距分型机构的位置(三板模用)。

8) 顶棍孔的位置。

9) 复位弹簧的位置。

10) 限位钉的位置。

11) 冷却水孔的位置,大小等。

12) 支撑柱的位置。

13) 各标准件在平面图上应标上有关结构的代号(如 EJ,RP,EGP,SP,GB,GP,DP 等)。

14) 装配图中主要孔应标上编号(如 S−1;S−2 等),其编号在平面图和剖视图上要一致。

3. 剖视图的尺寸标注

在剖视图中都采用线性尺寸标注。如果要出零件图,只需标一些重要外形尺寸,总体尺寸;否则,要标详细的定型尺寸和定位尺寸,尺寸基准往往取决于加工方法。

在剖视图上主要标注的尺寸如图 5.6。

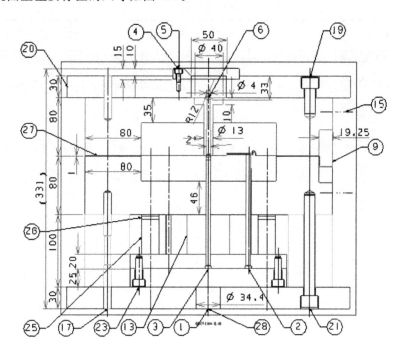

图 5.6

1) 内模镶件的厚度。

2) 滑块的行程及其高度,锁紧块锁紧角及大小,定位弹簧及限位钉大小等。

3）斜推杆的倾斜角度、行程和宽度及其配件的大小等。

4）各模板的厚度以及模具的总长 L、总宽 W、总高 H。

5）各吊模螺孔的规格及高度。

6）导柱、导套的长度及其大小。

7）推杆板导柱及其导套的长度和大小。

8）定位块的高度。

9）大、小拉杆的行程及其大小（三板模用）。

10）定距分型机构的大小和长度。

11）定位圈的大小、高度及螺孔的位置。

12）浇口套的规格尺寸。

13）注射机顶棍孔的直径。

14）限位钉的直径和厚度。

15）冷却水孔的高度。

16）支撑柱的长度和直径。

5.3.5 技术要求要点

GB/T 12554—1990 规定了塑料注射模的零件技术要求、总装技术要求、验收规则和标记、包装、运输、贮存等内容，适用于热塑性塑料和热固性塑料注射模的设计、制造和验收。

总装技术要求

标准条目编号	条目内容		
4.1	定模（或定模板）与动模（或动模座板）安装平面的平行度按 GB/T 12555.2 和 GB/T 12556.2 的规定		
4.2	导柱、导套对定、动模安装面（或定、动模座板安装面）的垂直度按 GB/T 12555.2 和 GB/T 12556.2 的规定		
4.3	模具所有活动部分应保证位置准确，动作可靠，不得有歪斜和卡滞现象。要求固定的零件不得相对窜动		
4.4	注塑件的嵌件或机外脱模的成形零件在模具上安放位置应定位准确、安放可靠，具有防止错位措施		
4.5	流道转接处应光滑圆弧连接，镶拼处应密合，浇注系统表面粗糙度参数 Ra 最大允许值为 0.8μm		
4.6	热流道模具，其浇注系统不允许有树脂泄漏现象		
4.7	滑块运动应平稳、合模后滑块与楔紧块应压紧，接触面积不少于 3/4，开模后定位准确可靠		
4.8	合模后分型面应紧密贴合，成形部位的固定镶件配合处应紧密贴合，如有局部间隙，其间隙应小于塑料的溢料间隙。详见下表的规定（排气槽除外）		
	塑料流动性	好	一般	较差
	溢料间隙/mm	<0.03	<0.05	<0.08
4.9	冷却或加热（不含电加热）系统应畅通，不应有泄漏现象		
4.10	气动或液压系统应畅通，不应有泄漏现象		
4.11	电气系统应绝缘可靠，不允许有漏电或短路现象		
4.12	在模具上装有吊环螺钉时，应符合 GB/T 825 的规定		
4.13	分型面上应尽可能避免有螺钉或销孔的穿孔，以免积存溢料		

5.3.6　打印设置要点

调整图纸上线型的比例、粗细(可以设置颜色或直接设置宽度),需保证打印后图纸上所有的字体高度与规定的标准高度相符,如为 3.5mm(在绘制过程中应注意该问题)。

5.4　模具零件图的绘制

5.4.1　视图表达要点

零件图的视图表达与装配图大同小异,同样需确定好视图投影方法、保证视图的整洁清晰和完整性及细节重要部位应放大等。

通常情况下,零件图应在能够充分而清晰的表达零件形状结构的前提下,选用尽可能少的视图数,对于比较复杂的零件至少要有一个立体的视图,能用简单剖的,就不用阶梯剖。另外零件图的视图摆放应按投影方法规定放置,以及剖视图一般要画剖面线等。

5.4.2　图框大小设置及标题栏填写要点

图框大小设置及标题栏填写参考装配图的要点。

5.4.3　尺寸标注要点

1. 零件图的基准

在尺寸标注之前,必须先确定标注基准。尽量做到设计基准、产品基准、装配基准、工艺基准以及测量基准保持一致,避免基准不统一而造成的尺寸误差。

工艺基准:根据对零件加工,测量的要求而确定的基准。如镶块孔的沉槽等标注要以底面为基准。

2. 零件图的尺寸标注

零件图的尺寸标注要点如下表。

① 正确:尺寸标注应符合国家《机械制图标准》的基本规定。

② 完整:尺寸标注必须做到保证车间各生产活动能够顺利进行。

③ 清晰:尺寸配置应醒目,便于看图查找。

④ 合理:尺寸标注应符合设计及工艺要求,以保证模具性能。

⑤ 若产品分左右侧的,零件图上需要注明图纸是左侧还是右侧。左右侧的图纸原则上都需要制作零件图纸。

⑥ 基本要求:最大外形尺寸一定在图面有直接的标注,若产生封闭的尺寸链,可在最大外形尺寸上加括号。

5.4.4　技术要求要点

零件图除了图形和几何尺寸外,还标明了一些不同形式的代号及文字说明,这是为了保证产品性能和模具性能的需要而提出的一些技术指标,如公差与配合、形状和位置公差、表面粗糙度、热处理以及其他要求等。

1. 尺寸公差的标注

① 精密级配合采用 H6/h5,用于精密模具或多镶块拼合场合。

② 中级配合采用 H7/h6,用于模具中常用零件的配合。

③ 低级配合采用 H8/h7,用于普通模具零件的配合。

④ 未注公差尺寸的极限偏差可按 GB/T 1804—2000 中的有关规定。在实际工作中,企业常采用的公差如下表。

通 用 公 差	
××.	±0.2
××.×	±0.1
××.××	±0.01
××.×××	±0.005
角度	±0.1°

2. 形位公差的标注

通常精密级模具的零件图要标注形位公差。零件图中未注形位公差可按 GB/T 1184—1996《形状和位置公差未注公差值》,其中直线度、平面度、同轴度的公差等级均按 C 级。

3. 表面粗糙度的标注

1) 不同加工方法所得的表面粗糙度

模具零件图中的型腔面及有配合要求的面必须标注粗糙度。不同加工方法所得的表面粗糙度如下表所示。

表面特征		Ra 代号			加工制作方法	适用范围
加工面	粗加工面	50	25	12.5	粗车、粗铣	钻孔、倒角、没有要求的自由表面
	半光面	6.3	3.2	1.6	精车、精铣、粗磨	接触表面,不甚精确的配合面
	光面	0.8	0.4	0.2	精磨、高速铣、坐标磨	要求保证定心及配合特性的表面
	最光面	0.1	0.05	0.025	抛光、镜面	镜面模具
毛坯面					锻、扎制等经表面处理	无需进行机加工的表面

2) 零件表面粗糙度值的确定

① 塑料模板类零件底面与周边粗糙度值:塑料模具的动、定模座,动、定模板,流道推板,塑料件顶出板,垫块,推杆固定板,推板等零件表面粗糙度值通常为 $1.6 \sim 0.8 \mu m$,最高可取 $0.4 \mu m$。板类零件周边粗糙度值通常为 $6.3 \sim 3.2 \mu m$。

② 复位杆、推杆与推管内、外表面粗糙度值通常为 $1.6 \sim 0.8 \mu m$。

③ 型芯表面粗糙度值通常为 $1.6 \sim 0.8 \mu m$,型芯与模板孔配合面通常为 $3.2 \sim 1.6 \mu m$。

型腔表面通常为 $0.2\sim0.025\mu m$,最高可达 $0.012\sim0.008\mu m$。

④ 导柱与导套滑动配合面粗糙度值通常为 $0.8\sim0.4\mu m$。与模座过盈配合面粗糙度值通常为 $1.6\sim0.8\mu m$。

⑤ 滑块、导轨、斜导柱等滑动配合零件表面粗糙度通常为 $1.6\sim0.8\mu m$。

4. 热处理以及其他要求的填写

① 成型对模具易腐蚀的塑料时,其成型工作零件须采用不锈钢制作,否则其成型表面应采取防腐蚀措施。

② 成型对模具易磨损的塑料时,其成型零件硬度应不低于 50HRC,否则其成型表面应进行表面硬化处理,硬度高于 600HV。

③ 成型表面不允许有划痕、机械损伤、锈蚀等缺陷及表面应避免有焊接熔痕。

④ 采用化学方法进行处理的成型零件,必须彻底清洗,不允许残存化学介质。

⑤ 零件表面经目测不允许有锈斑、裂纹、夹杂物、凹坑、氧化斑点和影响使用的划痕等缺陷。

⑥ 模具零件非工作部位棱边均应倒角或倒圆。成形部位未注明圆角半径按 R0.5mm 制造型面与型芯,推杆,分型面与型芯、推杆的交接边缘不允许倒角或倒圆。

⑦ 凡重量超过 24kg 的板类零件均须设置吊装用螺孔,其数量、位置和尺寸可由企业自行决定。

5.4.5 打印设置要点

打印设置参考装配图打印设置的方法。

5.5 模具图的常见习惯画法

5.5.1 装配图上各零件配合公差

模具装配图上各零件配合公差及应用如下表。

公差代号	常用配合形式	适用范围
H7/f7	配合间隙小,零件在工作中相对运动但能保证零件同心度或紧密性。一般工件的表面硬度和粗糙度比较低	内模镶件与推杆、推管滑动部分的配合;导柱与导套的配合;侧型芯滑块与与侧抽芯滑块槽的配合;斜推杆导滑槽与内模镶件的配合
H7/h6	配合间隙小,能较好地对准中心,用于常拆卸,对同心度有一定要求的零件	内模镶件与型芯或定位销的配合
H7 /m6 (k6)	过渡配合,应用于零件必须绝对紧密且不经常拆卸的地方,同心度好	模架与销钉的配合,齿轮与轴承的配合;镶件与内模镶件的配合;导柱、导套与模架的配合
H8/f8	配合间隙大,能保证良好的润滑,允许在工作中发热	推杆、复位杆与推杆固定板的配合

5.5.2 常用符号及应用

常用符号及应用如下表。

符号	应用	符号	应用	符号	应用
⊡ ⊙	第一角投影法	EJ	顶杆	EPW	顶针固定板螺钉
⊙ ⊡	第三角投影法	RP	复位杆	GP	导柱
℄	中心线	SP	支撑柱	GB	导套
PL	分型面、分型线	SB(STP)	限位钉	EGP	推板导柱
⊕	推杆、复位杆、定位销	KO	顶棍孔	EGB	推板导套
⊕	弹簧	DP	定位销	QH	淬火
OFFSET	动模侧基准角偏置	WL	冷却水孔	NT	氮化
OFFSET	定模侧基准角偏置	SW	螺钉	STD	标准

5.6 模具图的审核

模具设计完成,图纸在下发工厂加工前必须经过严格认真的审核,通常需经过设计组长、设计主管的审核和批准。具体审核内容可参考下表。

分类	审核内容
注塑机	1. 注塑机的注射量、注射压力、合模压力是否足够。 2. 模具是否能正确安装于指定使用的注塑机上。 3. 装模螺孔大小及位置,装模槽大小及位置,定位环大小及位置,顶棍孔大小及位置等等是否符合指定注塑机的要求?
成型零部件	1. 检查型芯型腔尺寸是否加收缩率,产品图变为型芯型腔图时有没有镜射,有没有缩放到 1:1? 2. 检讨在既有的制品结构基础上,型芯型腔加工是否容易? 3. 塑料的收缩率是否选择正确? 4. 分型线位置是否适当?是否会粘定模?分模面的加工工艺性如何?是否存在尖角利边? 5. 充分检讨内模镶件材料、硬度、精度、构造等是否与塑料、制品批量及客户的要求相符?
侧向分型与抽芯机构	1. 侧向抽芯机构形式是否合理可靠? 2. 侧向抽芯的锁紧和复位是否可靠? 3. 滑块的定位是否可靠? 4. 斜推杆会否与制品结构或模具型芯发生干涉?
浇注系统	1. 主流道是否可以再短些? 2. 分流道大小是否合理? 3. 浇口的位置和数量是否恰当?熔接痕的位置是否会影响受力或外观? 4. 有没有必要加辅助流道?

续表

分类	审核内容
脱模机构	1. 选用的推出方法是否适当？ 2. 推杆、推管(尽量大些、推在骨上)使用数量及位置是否适当？ 3. 有无必要做多个顶棍孔？ 4. 推管有无碰顶棍孔？ 5. 侧向抽芯下面有推杆时,推杆固定板有无必要加行程开关或其他先复位机构？ 6. 斜面上的推杆,要加台阶槽防滑。
温度调节系统	1. 冷却水大小、数量、位置是否适当？ 2. 有无标注水管接头的规格？ 3. 生产 PMMA、PC、尼龙、加玻璃纤维材料的制品时,模具有无加隔热板？ 4. 冷却水管、螺孔会不会和推杆等发生干涉？
基本配置	1. 精密模具及有推管、斜推、多推杆时有没有加推板导柱？ 2. 定距分型机构是否能够保证模具的开模顺序和开模距离？ 3. 有没有必要加动、定模定位机构？
对加工的要求	1. 产品图上重要尺寸应作标示。型芯型腔尺寸有没有考虑脱模斜度？是大端尺寸还是小端尺寸？ 2. 对容易损坏及难加工的零件,是否已采用镶拼方式？ 3. 对加工及装配的基准面是否已充分考虑？ 4. 是否制定特殊作业场合的作业指导规范？ 5. 有关装配注意综合事项是否已作指示？ 6. 为装配、搬运及一般作业方便,是否设计适当的吊环螺孔及安全机构？ 7. 模具外侧有没有必要加保护其他结构用的支撑柱？
装配图	1. 塑料制品在模具上有无明确基准定位？ 2. 模具各零件的装配位置是否牢固可靠？加工是否简便易行？ 3. 模具零件要尽量选用标准件,以便于制造与维修。 4. 技术要求是否明确无误？ 5. 剖切符号是否与剖切图相符？ 6. 图面是否简洁明了？ 7. 细微结构处有无放大处理？ 8. 尺寸标注是否足够,清晰,有无字母数字线条重叠现象？ 9. 高度方向尺寸是否由统一基准面标出？ 10. 三视图位置关系是否符合投影关系？ 11. 有无修正塑料制品图,使之有合理脱模斜度及插穿角度？ 12. 考虑塑料制品公差是否有利于试模后修正？
明细表	1. 零件序号是否与装配图一致,零件名称是否适当？ 2. 材料名称、规格、数量有无写错？明细表的内容及数量应全部齐全,包括任何自制的附加零件及螺钉等。 3. 收集明细表所有零件后应可把模具组装起来及生产试作。 4. 有没有按标准选用标准件,有没有写明型号？
零件图	1. 图面是否清晰明了,尺寸大小是否与图面协调一致？ 2. 必要位置的精度,表面粗糙度、公差配合等,是否已注明？ 3. 碰穿插穿的结构、枕起尺寸要和塑料制品图样仔细校对。 4. 成型制品精度要求特别严格的地方,是否已考虑修正的可能性？ 5. 尺寸的精度是否要求过高？ 6. 零件选用材料是否合适？ 7. 在需要热处理及表面处理的地方,有没有明确的指示？ 8. 有没有必要加排气槽？

5.7　模具图的管理

自模具设计开始到模具加工完成、试模成功、检验合格为止,在此期间所产生的技术资料,例如任务书、产品图、技术说明书、3D模型图、各类分析报告、装配图、零件图、检验记录表、试模修模记录、模具使用说明书等,按规定加以系统整理、装订、编号并进行归档。这样做似乎很麻烦,但是对以后修理模具,设计新的模具都是很有用处的。

模具企业常用的《模具设计文件命名与存档规范》可参考如下探讨。

1．目的

制定图形文件统一命名与存档,为了方便文档的追溯与过程查询,有利于标准化管理及执行。

2．适用范围

技术部(模具)所有设计文档及其他相关文件。

3．具体内容

4．内容说明

① 所有的文件命名必须应有模号＋项目代号＋数据名称＋日期＋版本号的基本信息。

② 所有设计文件的版本号以 A1、A2、A3……命名,输入文件以 IN1、IN2、IN3……命名,输出文件以 OUT1、OUT2、OUT3……命名。

③ 直接在 UG 制图里出的 2D 图纸,应以 PDF 格式输出,命名同 AUTOCAD 文件。

④ 以上 3D\XRMJ08001-SL-S1.012-20080924A1\ 的文件夹存放整套装配形式的 UG

3D 文件,文件命名与存放按 UG MOLDWIZARD 标准,如果不是装配格式的文件命名为
XRMJ08001-SL-S1.012-20080924A1.prt。

⑤ 所有的 AUTOCAD 文件输出版本 2000.DWG,UG 版本 2.0.PRT.STP.IGS。
还都应另加一个 PDF 格式的文档,所有未涉及到的文件命名以设计手册为准。

⑥ 所有标有最新的文件夹内,可以再建一个 OLD 的文件夹。

⑦ 如果 E 硬盘已满,可存放 F 盘。

5.8　模具三维测绘:逆向工程简介

随着科学技术的高速发展,世界范围内新的科技成果层出不穷。如何充分合理地利用
高科技成果,快速发展经济,从而获得最佳的技术经济效益,是世界各国都在认真研究的问
题。不难发现,实际上,在设计制造领域,任何产品的问世,都蕴含着对已有科学技术的应用
和借鉴,并在此基础上进一步提高与发展。引进、消化、提高及创新之路是产品设计、制造行
之有效的方法之一。

在信息化制造中这一思路就体现为逆向工程,它是消化吸收并改进国内外先进技术并
在此基础上使其达到更高的境界,实现创新为其最终目的,逆向工程所追求的不应是简单的
仿制,而是再提高与创新。

本节将简单介绍逆向工程的基本原理、发展过程和应用要点等方面(具体技术见逆向工
程教材)。

5.8.1　逆向工程概述

1. 逆向工程的定义

逆向工程(RE,Reverse Engineering)亦称反求工程或逆工程,是近年发展起来的引进、
消化、吸收和提高先进技术的一系列分析方法和应用技术的组合。它以已有的产品或技术
为研究对象,以现代设计理论、生产工程学、材料学、计量学、计算机技术及计算机图形学和
有关专业知识为基础,以解剖、掌握对象的关键技术为目的,最终实现对研究对象的认识、再
现及创造性地开发。

逆向工程的设计过程与传统的设计过程是完全不同的。传统的设计过程是通过工程师
的创造性劳动,一个事先并不知道的事物变为人类需求的喜爱的产品,即根据产品的总的功
能要求,通过概念设计,以工程图或 CAD 模型表示,并制定出加工方案,经检查满意后,利
用各种设备和手段制造出产品来。

而逆向工程的设计过程则是从已知事物的有关信息(如实物、照片、广告、技术资料文件、
情报等)出发,去寻求这些信息的科学性、先进性、技术性、合理性、经济性等等,要回溯这些信
息的科学依据,即充分消化和吸收,而更重要本质是在此基础上要改进、挖潜进行再创造。

2. 逆向工程技术的研究对象及研究内容

逆向工程技术的研究对象范围很广,所含的内容也较多,主要可分为以下三大类:

1) 实物类

通常实物逆向指在机械制造业领域的实物逆向,是指在没有设计图样或者设计图样不

完整以及没有 CAD 模型的情况下,对现有实物产品利用各种测量技术采集数据及采用多学科综合技术重构零件原型的 CAD 模型,并在此基础上进行再设计的过程。与传统的产品设计、制造过程相比,逆向工程具有截然不同的设计流程。如图 5.7 所示。

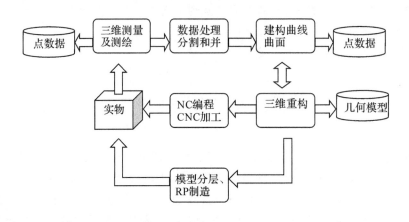

图 5.7

逆向工程的实施过程是多领域、多学科的协同过程。逆向工程的整个实施过程包括了从测量数据采集、处理到常规 CAD/CAM 系统,最终与产品数据管理系统(PDM 系统)融合的过程。因此,逆向工程是一个多领域、多学科的系统工程,逆向工程的实施需要人员和技术的高度协同和融合。

2) 软件类

依据产品样本、产品标准、设计说明书、使用说明书、产品图纸、操作与管理规范和质量保证手册等技术软件设计新产品的过程,称为软件逆向。与实物逆向相比,软件逆向应用于技术引进的软件模式中,以增强国家"创新能力"为目的,具有更高层次。通过软件逆向一般可知产品的功能、原理方案和结构组成,若有产品图纸则还可以详细了解零件的材料、尺寸、精度。

3) 影像类

既无实物,又无技术软件,仅有产品照片、图片、广告介绍、参观印象和影视画面等,设计信息最少,基于这些信息来构思、想象开发新产品,称为影像逆向,这是逆向对象中难度最大的并最富有创新性的逆向设计。影像逆向本身就是创新过程。

影像逆向目前还未形成成熟的技术,一般要利用透视变换和透视投影,形成不同透视图从外形、尺寸、比例和专业知识,去琢磨其功能和性能,进而分析其内部可能的结构,并要求设计者具有较丰富的设计实践经验。

3. 逆向工程技术的发展状况

该技术是 20 世纪 80 年代末期由美国 3M 公司、日本名古屋工业研究所以及美国 UVP 公司提出并研制开发成功的。进入 90 年代以来,随着全球市场竞争加剧,逆向工程技术被放到大幅度缩短新产品开发周期和增强企业竞争能力的重要地位上来。

随着计算机技术在制造领域的广泛应用,特别是数字化测量技术的迅猛发展,基于测量数据的产品造型技术成为逆向工程技术关注的主要对象。通过数字化测量设备(如坐标测量机、激光测量设备等)获取的物体表面的空间数据,需要利用逆向工程 CAD 技术获得产品的 CAD 数学模型,进而利用 CAM 系统完成产品的制造。

出于市场的需要,逆向工程的研究日益引人注目,从对逆向工程几何造型研究工作全面总结至今,在数据处理、曲面片拟合、规则特征识别、专用商业软件和三维扫描仪的开发上已取得较为明显的进步,但在实际应用中,整个过程仍需大量的人工交互,操作者的经验和素质影响着产品的质量,自动重建曲面的光顺性难以保证,因此逆向工程技术依然是目前CAD/CAM 领域一个十分活跃的研究方向。

目前,该技术已广泛用于家电、汽车、玩具、轻工、医疗、航空、航天、国防等行业,并取得了巨大的经济效益。

5.8.2 逆向工程的关键技术

现代意义的逆向工程,是包含多种学科知识在内的新兴学科。本节将从数据采集、数据处理、模型重建技术、原始设计参数还原和精度设计等方面介绍逆向工程的关键技术。

1. 数据采集

数据采集是指用某种测量方法和设备测量出实物原型各表面的点的几何坐标,又称零件数字化,是逆向工程中最基本、最不可少的步骤。物体三维几何形状的测量方法基本可分为接触式和非接触式,而测量系统与物体的作用不外乎光、声、机电、磁等方式,采用哪一种数据采集方法要注意测量方法、测量精度、采集点的分布和数目及测量过程对后续 CAD 模型重构的影响。测量方法如图 5.8 所示。

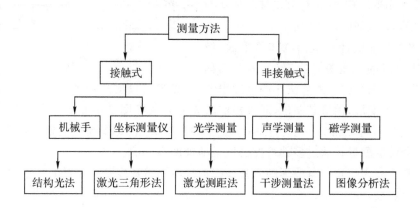

图 5.8

1) 测量方法

(1)接触式测量方法

接触式测量方法通过传感测量头与样件的接触而记录样件表面的坐标位置,接触式测量方法有机械手和坐标测量机两种。机械手方法是用机械手来接触物体表面,然后通过安装在手关节上的传感设备来确定相关点的坐标位置,是一种获取数据速度最慢的测量方法。三坐标测量法(又称探针扫描法)是典型的接触式测量方法,也是当前应用最广泛的三维样件模型数字化方法之一,参见前面章节对三坐标测量的探讨。

接触式测量方法的技术比较成熟,突出的优点是可以达到很高的测量精度($\pm0.5\mu$m),另外对样件的材质、色泽无特殊要求,还可以人工对样件进行测量规划以减小数据处理的难度和工作量。缺点是测量效率低,不适宜测量具有复杂内部型腔、特征几何尺寸少及特征曲面较多的样件模型。

(2)非接触式测量方法

非接触式测量方法主要是基于光学、声学及磁学等领域中的基本原理,将一定的物理模拟量通过一定的算法转化为样件表面的坐标点。在工程实际中常用的方法有坐标测量,激光测量,立体视觉,断层扫描等。

2)数据采集方法

(1)坐标测量机

三坐标测量机参见前面章节对三坐标测量的探讨。

(2)激光线结构光扫描

激光测量技术在逆向工程中应用日益广泛,其中以基于三角测量原理主动式结构光编码测量技术的激光线结构光扫描测量技术最为常见,该法亦称为光切法(light sectioning)。其测量原理为:将具有规则几何形状的激光线结构光投射到被测表面上,且将形成的漫反射光带在空间某一位置上的 CCD 摄像机图传感器上成像,由成像位移 e 及三角形原理,即可计算出被测面相对于参考面的高度 S,如图 5.9 所示。

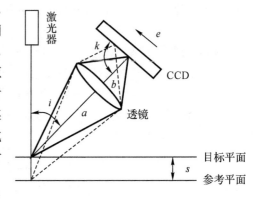

图 5.9

由于物体的高度计算是由物体基平面、像点及像距所组成的三角关系决定的,因而又称之为三角测量法或结构光测量法。测量过程中,激光光刀投射到物体表面后受被测物体表面形状调制发生变形,拍摄其图像,通过提取激光光刀灰度图像中心坐标在 CCD 摄像机成像面上的偏移量,可以得到一个物体一个截面的二维数据,每个测量周期可获取一条扫描线,物体的全轮廓测量是通过多轴可控机械运动辅助实现的。

优点:基于激光三角测量原理的激光线扫描法的测量速度是点扫描的数十倍,扫描速度可达 15000 点/秒,测量精度在 $\pm0.01\sim\pm0.1$mm 之间,而且同时具有激光点扫描的非接触、高精度、结构简单经济、易于实现、工作距离长、测量范围大和容易满足实际应用要求等优点,已成为目前最成熟,应用最为广泛的激光测量技术。

缺点:该测量方法只能测量物体的外表面,不能测量物体内腔,并且由于是基于光学反射原理测量,对被测物体表面的粗糙度、漫反射率和倾角都比较敏感,这些都限制了它的使用。

(3)投影光栅法

这是一类主动式全场三角测量技术,通常采用普通白光将正弦光栅或矩形光栅投影与被测物体表面上,用 CCD 摄取变形光栅图像,根据变形光栅图像中条纹像素的灰度值变化,解算出被测物体表面的空间坐标。

优点:该类测量方法具有很高测量速度,测量范围大,成本低,易于实现,是近年来发展起来的较好的三维传感技术。

缺点:精度较低,而且只能测量起伏不大得较平坦的物体,对于表面变化剧烈的物体,在陡峭处往往会发生相位突变,使测量精度大大降低。

(4)立体视觉

计算机立体视觉测量又称为三维场景分析。它模仿人类的眼睛,从二维的图像和图像序列中去解释三维场景中存在哪些物体、这些物体是以什么空间位置或相互关系存在的。特别是 CCD 摄像机的广泛使用,使得计算机测量发展迅速。

计算机视觉测量基本原理是:用摄像机从不同的角度对物体摄像,通过多幅图像中同名特征点的提取与匹配,得出同名特征点在多个图像平面上的坐标,再利用成像公式,计算出被测点的空间坐标。

(5)断层测量技术

为了解决物体内腔测量的问题,出现了断层测量技术。各种断层测量技术都以获取被测物体的截面图形作为测量结果,物体的测量精度主要受断层图形成像质量和图形处理技术的影响。其主要特点是能够测量复杂物体的内部结构表面信息,不受物体形状的影响,是很有前途的逆向测量技术。

断层测量技术分破坏性测量和非破坏性测量两种。破坏性测量技术主要为逐层切削扫描测量法;非破坏性测量技术目前主要有超声波数字化法、工业计算机断层扫描法、MRI (Magnetic Resonance Imaging)法。

① 超声波测量法

当超声波脉冲到达被测物体时,在被测物体的两种介质交界表面会发生回波反射,通过测量回波与零点脉冲的时间间隔,可以计算出各表面到零点的距离。

优点:这种方法相对于 CT 或 MRI 而言其设备简单,成本较低。

缺点:测量速度较慢,测量精度主要由探头的聚焦特性决定。由于各种回波比较杂乱,必须精确地测量出超声波在被测材料中的传播声速,利用数学模型的计算来定出每一层边缘的位置。特别是当物体中有缺陷时,受物体材料及表面特性的影响,测量出的数据可靠性较低。

应用:主要用于无损探伤及厚度检测,但由于超声波在高频下具有很好的方向性,即束射性,它在三维扫描测量中的应用前景正在日益受到重视,如图 5.10 所示。

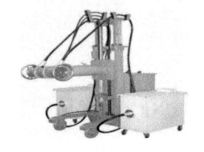

便携式X射线探伤机   伽玛射线探伤仪

图 5.10

② 计算机断层扫描法

计算机断层扫描技术最具代表的是 CT 扫描机。通常用 X 射线或 γ 射线在某平面内从不同角度去扫描物体,并测量射线穿透物体衰减后的能量值,经过特定的算法后得到重建的二维断层图像,即层析数据。改变平面高度,可测出不同高度上的一系列二维图像,并由此构造出物体的三维实体原貌来。

优点:是目前最先进的非接触式的检测方法,它可针对物体的内部形状、壁厚,尤其是内部构造进行测量。

缺点:空间分辨率较低,获取数据需要较长的积分时间,重建图形计算量大,相对造价高,且具有只能获得一定厚度截面的平均轮廓。

应用:最早是应用于医疗领域,目前已经开始用于工业领域,特别是针对无备件的带有复杂内腔物体的无损三维测量,如图 5.11 所示。

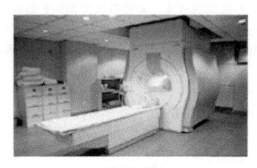
医用CT扫描仪

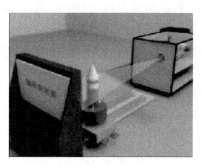
工业CT扫描仪

图 5.11

③ 核磁共振(MRI)测量法

核磁共振技术的理论基础是核物理学的磁共振理论,其基本原理是用磁场来标定物体某层面的空间位置,然后用射频脉冲序列照射,当被激发的核在弛豫过程中自动恢复到静态场的平衡态时,把吸收的能量发射出来,然后利用线圈来检测这种信号。

核磁共振机(MRI)

优点:由于这种技术具有深入物体内部且不破坏样品的优点,对生物体没有损害,在医疗领域有广泛的应用。

缺点:只能获得一定厚度的平均尺寸,目前最小厚度是 1mm,在这种精度下无法作出实用的机械零件,此外造价高,目前对非生物组织材料不适用。

④ 逐层切削扫描测量法

这种方法是将工件内外进行实体填充(要求填充物的颜色与工件的颜色对比度较大,以便于图像的识别与轮廓提取),然后用轴向进给高速铣削的加工方法进行逐层铣削,期间采用视觉扫描的方法逐层提取

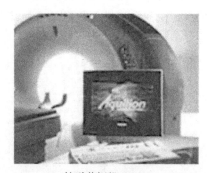
核磁共振机(MRI)

图 5.12

每个截面的轮廓信息,然后利用这些信息构造出样件的几何模型。不足之处是其属于破坏性测量,但可对任意复杂零件内外表面进行测量。

⑤ 逐层去除物体扫描法

针对上述方法的缺点,近年来出现了逐层去除物体进行测量的方法,这是对物体进行破坏性测量的方法。以逐层去除物体材料,逐层用扫描设备扫描截面,通过截面图像获取物体轮廓尺寸。这种方法具有精度较高、可自动测量、适用于测量内腔形状与尺寸等特点,且可以远低于 ICT 机的成本制成专用设备。

综合上述的各种数据采集方法,现将测量速度、精度、形状和材料是否有限制及能否探测内腔等方面进行比较,如下表所示。

数据采集方法	能否测内部轮廓	形状限制	材料限制	速度	线性精度	成本
三坐标测量机法	否	无	无	慢	高±0.5μm	高
投影光栅法	否	表面变化不能过陡	无	快	较高±20μm	低
激光三角形法	否	表面不能过于光滑	无	快	较高±5μm	较高
CT 扫描和核磁共振法	能	无	有	较慢	低 0.1mm	很高
自动断层扫描仪法	能	无	无	较慢	较低±25μm	较高
逐层去除物体扫描法	能	无	无	较快	较高	较低

从表中可以看出,各种数据采集方法都有一定的局限性,对制造业领域的逆向工程而言,要求数据采集方法应满足以下要求:

① 采集精度高,一般地,误差应在 10μm 以内。

② 采集速度快,应能实现在线自动采集。

③ 可采集内外轮廓的数据。

④ 可采集各种复杂形状原型。

⑤ 尽可能不破坏原型。

⑥ 尽量降低成本。

由于各种测量方法均有其优缺点及适用范围,因此应从集成角度出发,综合运用各种测量方式在时间、空间以及物理量上的互补,增加信息量,减少不确定性,以获取精度较高的三维测量数据。

2. 数据预处理

测量的结果是离散的海量数据(即实质上百兆个点),还存在着许多重复测量的数据系统的测量误差和随机误差等,必须进行预处理。

1) 图像处理

由于在三维数据测量时,很多常用的测量方式都用到光学成像原理,因此数据处理往往首先要进行图像处理,一般分为滤波去噪和边缘检测两个部分。

滤波去噪:就是对来自实际观测的图像加工,提取有用信息。滤波去噪方法主要有非线性滤波和线型滤波。

边缘检测:图像最基本的特征是边缘,所谓边缘就是指与周围象素灰度比较有突变的象素点的集合,它存在于目标与背景、目标与目标、区域与区域、基元与基元之间。从边缘的物理属性看,边缘表示了信号的变化和某种程度的不光滑性。边缘的成因较为复杂,实际景物图像中的边缘往往是各种类型的边缘及它们模糊化后的结果组合,因此很难为每一种边缘给出精确的数学模型。

2)曲面拟合

长期以来,曲面拟合技术是计算几何的重要研究内容,众多的研究成果为逆向工程中的曲面构造提供了理论基础。

曲面拟合的方法分为插值和逼近两种。插值是给定一组点,要求构造的曲面通过所有数据点;而逼近不要求拟合的曲面通过所有点,只是在某种意义下最为接近给定数据点。一般情况下,由于离散的测量数据存在各种误差,若要求构造一个曲面严格通过所有给定的带有误差的数据点没有什么意义,因此当测量点数量众多,且含有一定测量误差时需要使用逼近法。当然,精确测量下对于数据点不多时可以采用插值法。

目前曲面拟合的方法有:矩形域参数曲面拟合、三角 Bezier 曲面拟合、函数曲面拟合等。

3. 模型重建技术

根据逆向对象及采用的数据采集测量技术和手段的不同,逆向工程的三维 CAD 模型重构内容可以分为两个方面:一是以处理复杂自由曲面为主要特点的表面逆向 CAD 建模;另一方面是整个形体的逆向 CAD 模型重建。

1)复杂自由曲面 CAD 模型重构

(1)特点

① 自由曲面数据散乱,且曲面对象边界和形状有时极其复杂,因而一般不便直接运用常规的曲面构造方法,需要消除各种干扰因素,精简样点,采用有效的数据转换格式,减少数据丢失和失真。

② 对于含有自由曲面的复杂型面,曲面对象往往不是简单地由一张曲面构成,而是由多张曲面经过延伸、过渡、裁剪等拼合而成,因而用一张曲面来拟合所有的数据点是不可行的,需要对三维测量数据进行分割,然后分块造型。

③ 在逆向工程中还存在一个"多视数据"问题。使用常用的接触式和非接触式方法时,由于零件的复杂性和测量方法的限制,一次装卡可能不能获得所需的全部数据,需要调整零件与测量系统的相对位置,从而导致了多次测量所得数据的坐标系不统一。另外,为了保证数字化的完整性,各视之间还应有一定的重叠,这就引来一个被称为"多视拼合问题"。

(2)曲面构造方案

目前,逆向工程中主要有四种曲面构造方案:一是以 B 样条和 NURBS 曲面为基础的四边域曲面构造方案;二是以三角 Bezier 曲面为基础的三边域曲面构造方案;三是以平面片逼近方式来描述曲面物体;四是用神经网络来进行曲面重构。

2)基于整个形体的实物逆向 CAD 模型重构

基于整个形体的实物逆向 CAD 模型重构的研究是建立在断层扫描测量数据的基础

上,其工作过程如下:

① 层析截面数据获取及其图像处理;

② 层面数据的二维平面特征识别;

③ 实体特征识别;

④ 重构实体再现及再设计。

下面仅对重构实体再现及再设计进行探讨。

对于重构实体再现及再设计这个问题的解决,目前出现一种新的思路,即将正向设计与逆向工程相结合。正向设计时,设计人员可根据设计图样构造零件的特征关系树,在商业化通用软件中建立零件 CAD 模型。反求设计中的实体再现可借鉴正向设计的方法,当实体特征识别后,根据原型实物的结构情况,再配合已精确识别重构的二维平面特征构造出反求对象的特征树,在该特征树的指导下,利用已识别的特征体,在通用 CAD 软件环境下,如同正向设计一样,建立实物的 CAD 重构模型,并在此基础上可利用通用 CAD 软件的功能对模型进行工程分析和修改,以实现零件的再设计,使逆向工程从简单的仿制转变为真正地具有创新意义的产品设计。

5.8.3　逆向软件简介

逆向工程的实施需要逆向工程 CAD 软件的支撑。逆向工程 CAD 软件的主要作用是接收来自测量设备的产品数据,通过一系列的编辑操作,得到品质优良的曲线或曲面模型,并通过标准数据格式将这些曲线曲面数据输送到现有 CAD/CAM 系统中,在这些系统中完成最终的产品造型。由于无法完全满足用户对产品造型的需求,因此逆向工程 CAD 软件很难与现有主流 CAD/CAM 系统,如 CATIA、UG、Pro/E 等抗衡。

很多逆向工程软件成为这些 CAD/CAM 系统的第三方软件。如 UG 采用 ImageWare 作为 UG 系列产品中完成逆向工程造型的软件,Pro/E 采用 ICEM Surf 作为逆向工程模块的支撑软件。此外还有很多独立的逆向工程软件,如美国 Raindrop Geomagic(雨滴)公司的 Geomagic Studio、英国 DelCam 公司的 DelCopy、韩国 INUS Technology 公司的 Rapid-Form、Paraform 公司的 Paraform、日立造船的 GRADE-NC、中国台湾智泰科技公司的 Dop-surf、Allaswavefront 公司的 Surfacestudio 以及国内的 QuickForm 软件等。

下面介绍几个著名的逆向工程软件。

1. Imageware

Imageware(www.imageware.com)是 UG NX 提供的逆向工程造型软件,具有强大的测量数据处理、曲面造型、误差检测功能。可以处理几至几百万的点云数据。根据这些点云数据构造的 A 曲面具有良好的品质和曲面连续性。它主要有包括:

① 扫描点的分析及处理,可接收来自不同来源的数据,如 CMM、Lasersensors、Moire sensors、Ultrasound 等;

② 曲面模型构造,快速而准确地把扫描点变换成 NURBS 曲面模型;并对其进行模型精度、品质分析;

③ 曲面曲线实时交互形状修改,该系统主要方法有:可由扫描点直接产生曲面而不需要经过构造曲线的过程;亦可先建立周边曲线,而后在其内部扫描点群中构造 NURBS 曲线,再连同边界曲线产生曲面。ImageWare 的模型检测功能可以方便、直观地显示所构造

的曲面模型与实际测量数据间的误差及平面度、圆度等几何公差。

2. Geomagic Studio

Geomagic Studio(www.geomaigc.com)是美国 Raindrop Geomagic(雨滴)软件公司推出的逆向工程软件。该软件具有强大的点云处理及曲面构建功能,从点云处理到三维曲面重建的时间通常只有同类产品的 1/3。利用 Geomagic Studio 可轻易地从扫描所得的点云数据创建出完美的多边形模型和网格,并可自动转换为 NURBS 曲面。软件的应用领域包括了从工业设计到医疗仿真等诸多方面,用户包括通用汽车、BMW 等大制造商。

该软件主要包括 Geomagic Qualify、GeomagicShape、Geomagic Wrap、Geomagic Decimate、Geomagic Capture 5 个模块,主要功能有:

① 自动将点云数据转换为多边形(polygons);

② 快速减少多边形数目(decimate);

③ 把多边形转换为 NURBS 曲面;

④ 曲面分析、公差分析等;

⑤ 输出与 CAD/CAM/CAE 匹配的文件格式(IGS、STL、DXF 等)。

3. DelCopy

DelCopy(www.delcam.com)是英国 DelCam 公司系列 CAD 产品中的一个,主要处理测量数据的曲面造型。DelCam 的产品涵盖了从设计大制造、检测全过程。包括 PowerSHAPE、PowerMILL、PowerINSPECT、ArtCAM、CopyCAD、PS—TEAM 等诸多软件产品。DelCopy 主要有如下功能:

① 数字化点的输入与处理,包括数据输入、数字化点数据的变换与处理;

② 三角形划分,可以根据用户定义的允差三角化数字化模型;

③ 特征曲线的生成,以交互手动或自动的方式从三角形模型中提取特征线,或直接从外部输入特征线;

④ 利用特征线构成的网格构造曲面片,然后通过指定曲面片之间的连续性要求,实现曲面片之间的光滑拼接;

⑤ 曲面模型精度、品质分析。作为一个系列产品的一部分,CopyCAD 与系列中的其他软件可以很好地集成,为用户的使用提供方便。

4. RapidForm

RapidForm (www.rapidform.com)是由韩国 INUS Technology 公司推出的专业逆向系列软件,主要用于处理测量、扫描数据的曲面建模以及基于 CT 数据的医疗图像建模,还可以完成艺术品的测量建模以及高级图形生成。RapidForm 提供一整套模型分割、曲面生成、曲面检测的工具,用户可以方便的利用以前构造的曲线网格经过缩放处理后应用到新的模型重构过程中。

自 RapidForm2006 后,该公司推出 XO 系列版本。主要包括:RapidForm XOR(Redesign)、RapidForm XOS(Scan)、RapidForm XOV(Verifier)。RapidForm XOR 基于 3D 扫描数据点云来构建 NURBS 曲线、曲面和多边形网格,最终获得无缺陷、高质量的多边形或自由曲面参数化模型,其特征如下:

① 从三维扫描数据生成参数化的 CAD 模型;

② 发送有完整特征树的模型到其他 CAD 系统;

③ 二次设计助手：从三维扫描数据抽取设计参数的智能工具；

④ 精确度分析器：在用户指定的误差范围内二次设计；

⑤ 定位向导：智能地辨别和对齐三维扫描数据到一个理想的设计坐标系；

⑥ 建模特征树和参数管理；

⑦ 面片、自由曲面和参数化实体混合建模功能；

⑧ CAD 到扫描重拟合：更新既存 CAD 模型来反映部件的更改；

⑨ 能直接用在快速成型、CAM、CAE 和可视化方面的即时面片优化。

5.8.4 逆向工程在实际生产中的应用

任何事物只有适应实际的需要，才有存在价值，逆向工程就是因为有需求才诞生的。现代逆向工程技术除广泛应用在汽车工业、航天工业、机械工业、消费性电子产品等几个传统应用领域外，也开始应用于休闲娱乐方面，比如用于立体动画、多媒体虚拟实境、广告动画等；另外在医学科技方面，如人体中的骨头和关节等的复制、假肢制造、人体外形量测、医疗器材制作等，也有其应用价值。

1. 新产品的设计

随着科技的发展和人们对完美事物的追求，在新产品开发、创新设计上有着相当高的应用价值，如对产品外形的美学有特别要求的领域，特别是汽车制造行业中，一般采用先由有经验的模型制造者用软性材料（油泥、木材、石膏等）捏一个一定比例的实物模型，然后通过逆向工程使其成为一个能被计算机所认知的三维数学模型，接着进行性能及工艺分析，最后投入到生产加工，如图 5.13 所示。

图 5.13

2. 快速成形制造(RPM)

快速成形技术是八十年代末产生的一种涉及多学科的新型制造技术，其基本原理是基于离散/堆积概念，即将任何三维零件都看成是许多二维平面沿某坐标方向迭加而成，因此，可先将 CAD 系统内三维实体模型切分成一系列平面几何信息（离散），转换成控制成型机工作的 NC 代码，控制材料有规律地、精确地迭加起来（堆积）而构成零件。

如今，快速成形制造(RPM)成为快速逆向工程的一个新应用领域，即利用快速逆向工程得到的实物几何模型，驱动快速原型机快速制造出与实物原型相同的零件。

目前 RPM 成型工艺已发展了三十余种，其中成功商业化的工艺方法有十余种，如光敏液相固化法(SL)、熔融沉积成型法(FDM)、喷墨打印法(IJP)、选择性激光烧结法(SLS)、激光履层法(LC)、三维打印法(3DP)、叠层实体制造工艺(LOM)、选择性激光汽化物沉积法(SLCVD)等。它与快速逆向工程相结合，得到了广泛应用。如图 5.14 所示。

快速成型设备

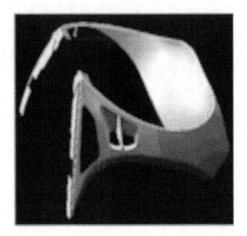
快速成形件

图 5.14

3. 远程制造

最新研究表明,逆向工程、快速成形制造与网络技术结合,可实现远程制造新概念。为完成远程制造,需引入一些新技术,包括:基于 Internet 的通讯软件、自动定价工具软件和生产计划自动生成工具软件等。

4. 医学模型制作快速逆向系统

可通过 CT、MRI 等临床检测手段获取人体扫描分层截面图像,并将数据传送至 RPM 系统,制作出人体局部或内脏器官的模型。模型能显示出这些部位病变情况的实体结构,可用于临床辅助诊断、复杂手术方案确定、假肢制造,也可作为医学教学模型使用。目前,国外正大力发展 RPM 技术在医疗领域的应用。例如:美国 Rayton 大学研制了一种桌面成型系统,专门用于人体软组织器官模型的建造,研究人员根据肾脏的 CT 数据,制成 RP 实体模型。如图 5.15 所示。

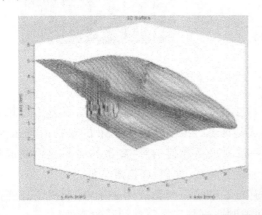
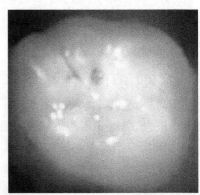
医学中的快速逆向系统

图 5.15

5. 其他应用

① 很多物品很难用基本几何来表现与定义,例如流线型产品、艺术浮雕及不规则线条

等,如果利用通用 CAD 软件,以正向设计的方式来重建这些物体的 CAD 模型,在功能、速度及精度方面都将异常困难。在这种场合下,必须引入逆向工程以加速产品设计,降低开发的难度。

② 当设计需要通过实验测试才能定型的工件模型时,通常采用逆向工程的方法,比如航天、航空、汽车等领域,为了满足产品对空气动力学等的要求,首先要求在实体模型、缩小模型的基础上经过各种性能测试(如风洞实验等)建立符合要求的产品模型。此类产品通常是由复杂的自由曲面拼接而成的,最终确认的实验模型必须借助逆向工程,转换为产品的三维 CAD 模型及其模具。

③ 在没有设计图纸或者设计图纸不完整以及没有 CAD 模型的情况下,在对零件原型进行测量的基础上,形成零件的设计图纸或 CAD 模型,并以此为依据生成数控加工的 NC 代码或快速原型加工所需的数据,复制一个相同的零件。

④ 在模具行业,常需要通过反复修改原始设计的模具型面,以得到符合要求的模具。然而这些几何外形的改变,却往往未曾反映在原始的 CAD 模型上。借助于逆向工程的功能和再设计,设计者可以建立或修改在制造过程中变更过的设计模型。

6. 逆向工程技术的应用策略及前景

我国是机械加工大国,仅以模具行业来说,每年需进口的模具费用就高达 8 亿美元,特别在航空、航天、汽车以及电子医疗等工业,都存在着开发缓慢的问题,缺乏先进快速成型及模具制造技术的配合,开发周期、产品质量、市场竞争力、成本等方面的问题都很难解决,为了同国际经济接轨,我国政府和经济界越来越认识到,推广应用逆向工程技术是我国工业发展的必由之路,鉴于我国大部分企业的产品开发能力还比较薄弱、财力不足及高新技术人才的缺乏,我国推广应用逆向工程技术的模式应该是服务中心和大企业并举,以服务中心为主,形成专业技术社会化服务体系。

这种中心预计在全国应分布 500~1000 个,目前在部分中心城市进行试点有许多高校也开始注目或涉入这个高新技术产业,国内市场已经起动,但仅限于西交大、清华和华中科技大学及个别专业公司,还没有真正形成集开发、研制和销售于一体的经济实体,在政策、人才和资金等方面还需要国家的大力扶持,为了解决新产品开发缓慢,提高本国产品在国际市场的竞争力,许多国家和我国一样迫切需要先进的逆向工程设备,因此,只要我们在技术上达到国际先进水平,逆向工程技术设备研制、开发、推广应用的前景,将是十分美好的。

逆向工程的关键技术,国外对我国是绝对保密的,而要进口全套技术设备所需投资较大,并且需要一个高层次、多学科的技术队伍的支持,成立实物模型的逆向工程技术中心,既可以使广大中小企业享受逆向工程技术服务,促进企业开发新产品,降低企业投资风险和使广大中小企业享受反求工程技术服务,促进企业开发新产品,降低企业投资风险和开发成本,避免重复建设;又可以提高技术服务中心设备的使用率,提高服务中心的专业技术水平,实现社会化协作和资源共享。

第6章 实训案例:注塑模具

6.1 简易两板模

6.1.1 概述

在接触模具还不久的情况下,学习此副已经简化的两板模的拆装过程,主要是要了解模具的一些基本结构和原理。并且熟悉模具装配的基本过程,以及有关模具测量与绘图的基本常识。

学习目的:了解模具最基本结构、最基础的模具拆装过程和最基本的模具测绘常识。

6.1.2 结构示意图(如图6.1)

6.1.3 拆装要点

1) 装配过程详解见6.1.4中的表,拆卸为装配的逆过程。

2) 在实际生产过程中模具的装配方法和顺序多种多样,以下所列的只是其中的一种常见的装配过程。

3) 以下所示的同个引号内的序号所对应的零件无特定的装配顺序(可随意改变同个引号内零件的装配顺序):"2、3、4、5""7、8、9""18、19""21、22、23、24""26、27"。

4) 本副模具拆装过程中的注意事项:

① 装配之前要先对整副模具进行了解,看清总装图以及设计师所制定的各个要求。

② 一般的在装配有定位销定位的零件时要先安装好定位销之后再拧螺钉进行紧固。

③ 在用铜棒敲打装配件时要注意装配件受力的平稳性,防止装配件在铜棒敲打时卡死。

结构示意图

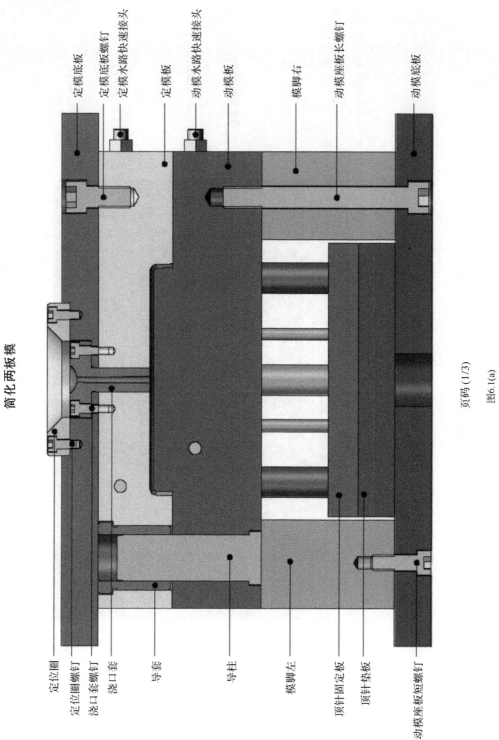

简化两板模

定模底板
定模底板螺钉
定模底板水路快速接头
定模板
动模水路快速接头
动模板
模脚右
动模座板长螺钉
动模底板

定位圈
定位圈螺钉
浇口套螺钉
浇口套
导套
导柱
模脚左
顶针固定板
顶针垫板
动模座板短螺钉

页码 (1/3)

图6.1(a)

107 ←

简化两板模

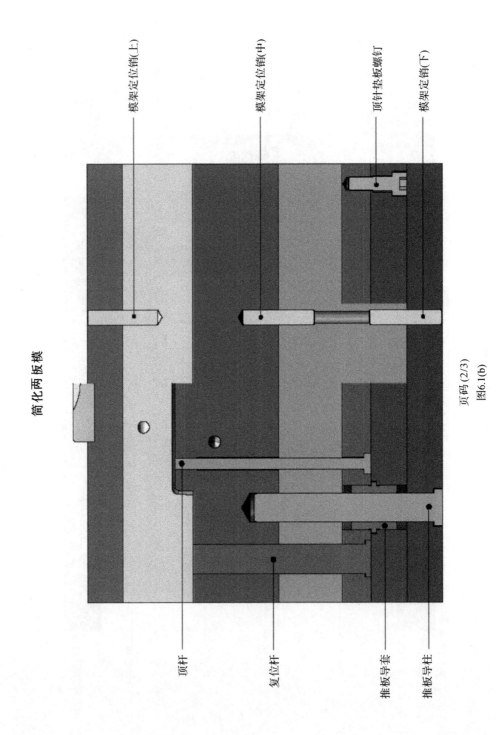

模架定位销(上)

模架定位销(中)

顶针垫板螺钉

模架定位销(下)

顶杆

复位杆

推板导套

推板导柱

页码 (2/3)

图6.1(b)

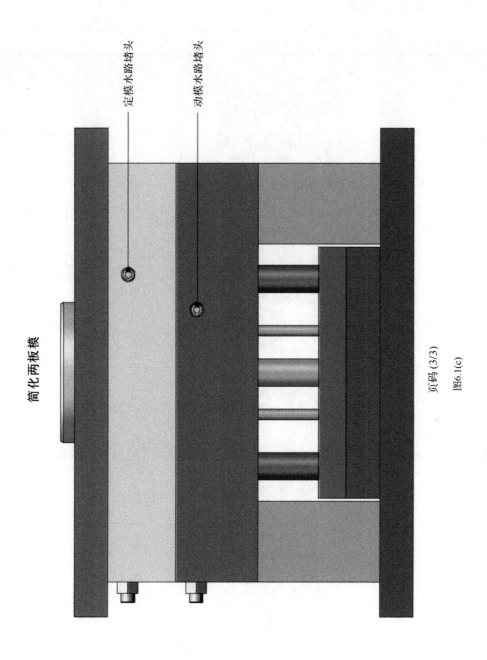

简化两板模

定模水路堵头

动模水路堵头

页码 (3/3)

图6.1(c)

6.1.4 拆装流程详解

序 号	零部件名称	实物图片	装配工具	备 注
1	动模板		手工	取出动模板准备装配
2	动模水路堵头		内六角扳手	将水路堵头用扳手旋入动模板
3	动模水路快速接头		活扳手	将水路快速接头用扳手旋入动模板
4	导柱		铜棒	导柱装入动模板
5	模架定位销（中）		铜棒	用铜棒将定位销敲入动模板

序　号	零部件名称	实物图片	装配工具	备　注
6	顶针固定板		手工	将顶针固定板放至装配指定位置
7	复位杆		铜棒	将复位杆放入顶针固定板
8	推板导套		铜棒	将推板导套装入顶针固定板
9	顶杆		铜棒	将顶杆一根一根装入顶针固定板
10	顶针垫板		铜棒	将顶针垫板与步骤 6 中顶针固定板对齐放置
11	顶针垫板螺钉		内六角扳手、套筒	将顶针垫板与顶针固定板用螺钉紧固

序　号	零部件名称	实物图片	装配工具	备　注
12	顶出系统		铜棒	将步骤 6—11 形成的组件装入步骤 1—5 形成的组件
13	模脚		铜棒	将模脚装入步骤 12 生成的组件
14	模架定位销（下）		铜棒	用铜棒将定位销敲入模脚
15	动模座板		手工	取出动模座板准备装配
16	推板导柱		铜棒	将推板导柱敲入动模座板

序 号	零部件名称	实物图片	装配工具	备 注
17	动模座板组件		铜棒	将步骤 15−16 生成的组件装入步骤 14 生成的组件
18	动模座板长螺钉		内六角扳手、套筒	用套筒扳手将动模座板长螺钉旋入模板
19	动模座板短螺钉		内六角扳手、套筒	用套筒扳手将动模座板短螺钉旋入模板
20	定模板		手工	取出定模板准备装配
21	定模水路堵头		内六角扳手	将水路堵头用扳手旋入定模板

序　号	零部件名称	实物图片	装配工具	备　注
22	定模水路快速接头		活扳手	将水路快速接头用扳手旋入定模板
23	模架定位销（上）		铜棒	用铜棒将定位销敲入定模板
24	导套		铜棒	将导套用铜棒敲入定模板
25	定模座板		铜棒	将定模底板装入步骤24所生成的组件
26	定模座板螺钉		内六角扳手、套筒	将定模底板用螺钉进行紧固

序 号	零部件名称	实物图片	装配工具	备 注
27	浇口套		铜棒	用铜棒将浇口套敲入步骤 26 形成的组件
28	浇口套螺钉		内六角扳手、套筒	将定浇口套用螺钉进行紧固
29	定位圈		手工	将定位圈放置于定模底板指定位置上
30	定位圈螺钉		内六角扳手、套筒	将定位圈用螺钉进行紧固
31	模具定模侧		铜棒	将已各自装配好的模具动定模侧装配在一起
32	整副模具			装配完成的简易两板模

6.1.5 测量

对模具零部件进行测量、检测是模具制造中的一个重要环节,主要应用在模具加工过程中或加工完成后。本实例对其主要典型零部件进行探讨,望能达到举一反三的作用,解决其他零部件或模具的测量、检测问题。具体如下表所示。

典型零件	零件图片	测量工具	工具图片	备　注
动、定模板		游标卡尺		主要用来测量长度尺寸,如外形大小、定位销孔、浇口套孔、推杆孔、螺钉孔以及成型部分直径和深度等。
		内径千分尺		主要用来测量高精度部位,如导柱和导套孔、推板导柱孔等。
		直角尺		主要用于零件外形垂直度的检测。
		百分表或千分表		可用来检测模板外形的平面度、垂直度、平行度等。
		表面粗糙度比较样块		用来跟实际加工表面作比较,得出粗糙度是否达到使用要求。
		三坐标测量机		在实际生产中,往往用三坐标测量机来完成所有的检测任务(粗糙度检测除外)。

典型零件	零件图片	测量工具	工具图片	备 注
定位圈		游标卡尺		由于精度要求不是很高，可用游标卡尺来完成所有的测量任务。
浇口套		游标卡尺		除半径规、表面粗糙度比较样块所检测的内容外，其他尺寸可由游标卡尺来完成。
		半径规		用来校核喷嘴球径是否达到要求。
		表面粗糙度比较样块		用来跟实际加工表面作比较，得出粗糙度是否达到使用要求。

6.1.6　绘图

如前《模具绘图》所述，在实际整个模具生产过程中，为了缩短模具生产周期，工程部需在最短的时间内提供满足各种需要的图纸。本实例的装配图、典型零件图，如图 6.2 所示（详见附带教学资源）。

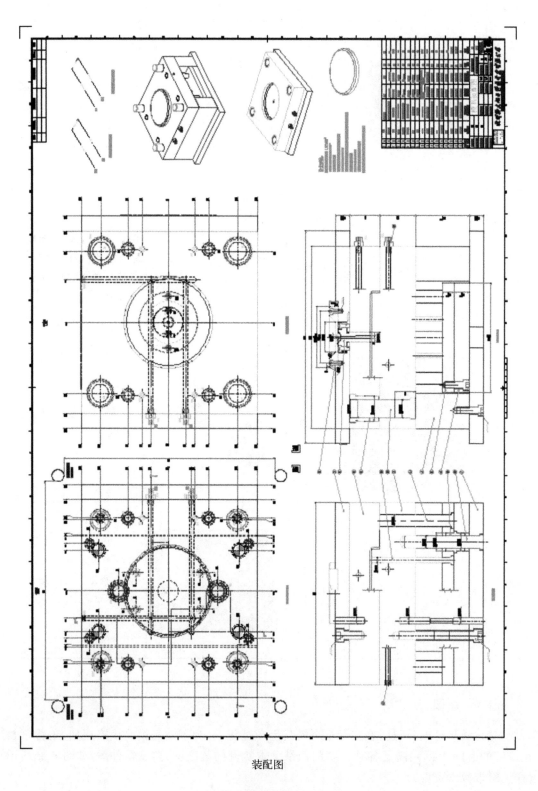

装配图

图 6.2(a)

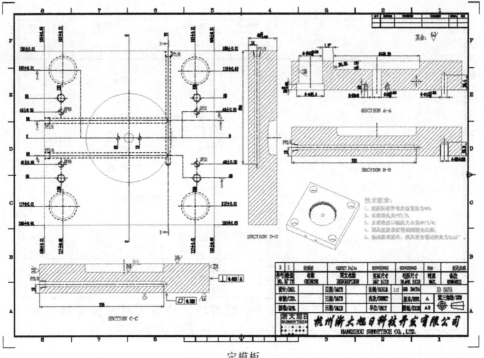

定模板

图 6.2(b)

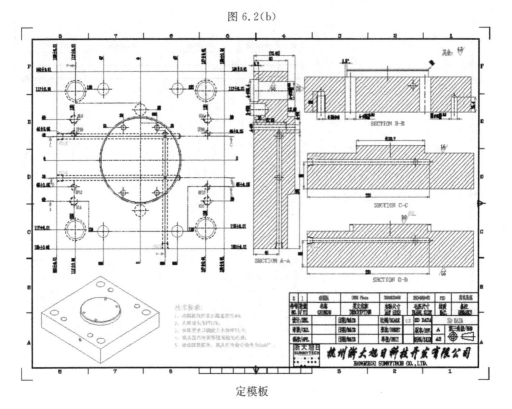

定模板

图 6.2(c)

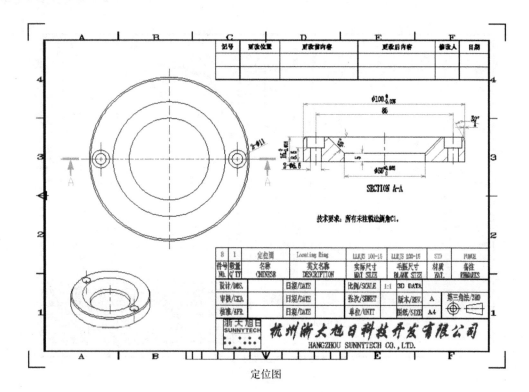

定位图

图 6.2(d)

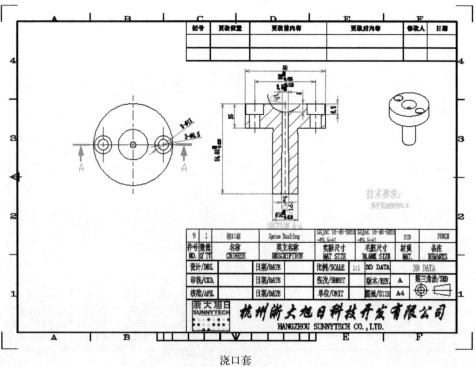

浇口套

图 6.2(e)

6.2 典型完整两板模

6.2.1 概述

经过第上一节的学习,对模具的拆装有了一定的了解,从这节开始将切入实际,对实际模具的拆装进行讲解与说明。同样还是从比较基础的简单二板模开始学习。

学习目的:了解实际两板模的拆装和实际模具结构的细节以及实际两板模的测绘细节。

6.2.2 结构示意图

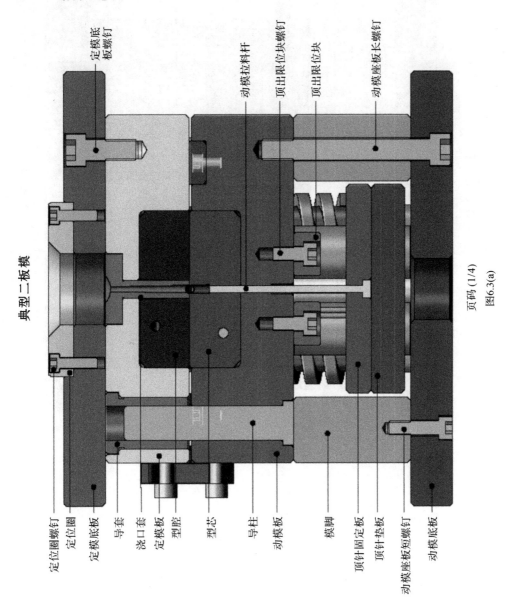

图6.3(a)

页码 (1/4)

典型二板模

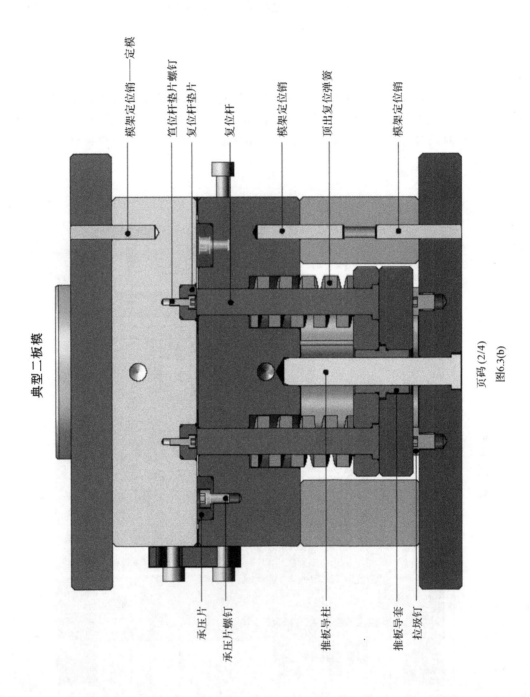

模架定位销——定模
管位杆垫片螺钉
复位杆垫片
复位杆
模架定位销
顶出复位弹簧
模架定位销

承压片
承压片螺钉
推板导柱
推板导套
拉坂钉

页码 (2/4)

图6.3(b)

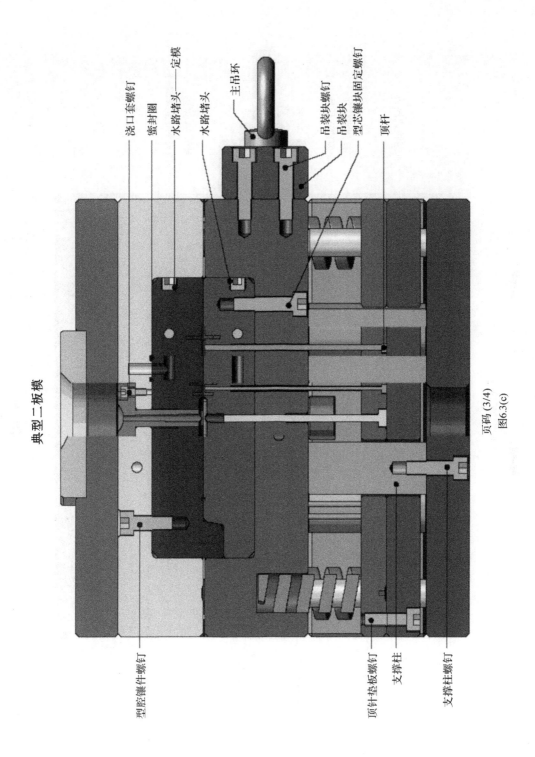

典型二板模

浇口套螺钉
密封圈
水路堵头
定模
水路堵头
主吊环
吊装块螺钉
吊装块
型芯镶块固定螺钉
顶杆

型腔镶件螺钉
顶针垫板螺钉
支撑柱
支撑柱螺钉

页码 (3/4)
图6.3(c)

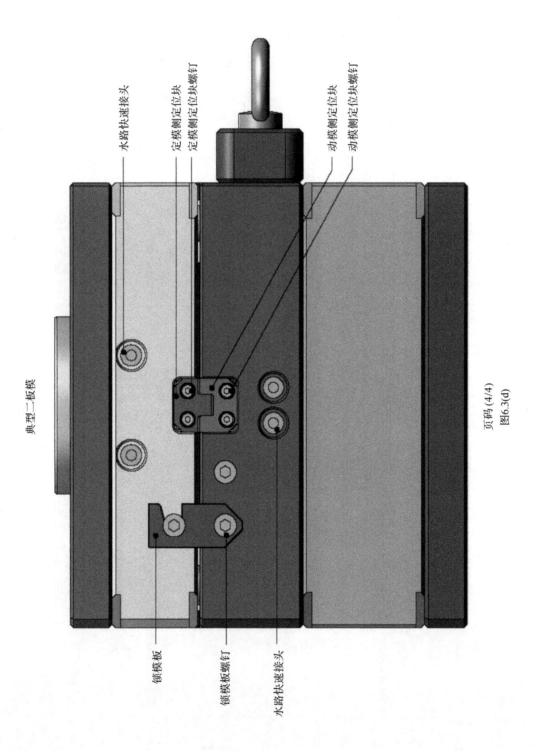

典型二板模

水路快速接头
定模侧定位块
定模侧定位块螺钉

动模侧定位块
动模侧定位块螺钉

锁模板

锁模板螺钉

水路快速接头

页码 (4/4)
图6.3(d)

6.2.3 拆装要点

1）6.2.4 中的表为装配过程详解，拆卸为装配的逆过程。

2）在实际生产过程中模具的装配方法和顺序多种多样，以下所列的只是其中的一种常见的装配过程。

3）以下所示的同个引号内的序号所对应的零件无特定的装配顺序（可随意改变同个引号内零件的装配顺序）："2、3、4、6、8、10、11""17、18、19""21、22""24、25""28、29""31、32、33""38、39、40、42、44、45""49、50""53、54"。

4）本副模具拆装过程中的注意事项：

① 装配之前要先对整副模具进行了解，看清总装图以及设计师所制定的各个要求。

② 一般的在装配有定位销定位的零件时要先安装好定位销之后再拧螺钉进行紧固。

③ 在用铜棒敲打装配件时要注意装配件受力的平稳性，防止装配件在铜棒敲打时卡死。

6.2.4 拆装流程详解

序　号	零部件名称	实物图片	装配工具	备　注
1	动模板		手工	取出动模板准备装配
2	密封圈		手工	将密封圈放入动模板

序 号	零部件名称	实物图片	装配工具	备 注
3	水路快速接头		内六角扳手	将水路快速接头用扳手旋入定模板
4	承压片		手工	将承压片放入动模板适当凹槽处
5	承压片螺钉		内六角扳手、套筒	用螺钉将承压片固定于动模板
6	动模侧定位块		手工	将定位块放置于动模板合适位置上
7	动模侧定位块螺钉		内六角扳手、套筒	用螺钉将定位块固定于动模板

序　号	零部件名称	实物图片	装配工具	备　注
8	顶出限位块		手工	将顶出限位块放置于动模板合适位置
9	顶出限位块螺钉		内六角扳手	用螺钉将顶出限位块固定于动模版
10	导柱		铜棒	用铜棒将导柱敲入动模板
11	模架定位销（中）		铜棒	用铜棒将定位销敲入动模板
12	型芯		手工	取出型芯准备装配

序　号	零部件名称	实物图片	装配工具	备　注
13	水路堵头		内六角扳手	将水路堵头用扳手旋入型芯
14	型芯组件		铜棒	将步骤 12～13 组件用铜棒敲入动模板
15	型芯镶件螺钉		内六角扳手	用扳手将型芯固定于动模板
DG716	顶针固定板		手工	将顶针固定板放至装配指定位置
17	复位杆		铜棒	将复位杆放入顶针固定板

序　号	零部件名称	实物图片	装配工具	备　注
18	顶杆		铜棒	将顶针一根一根装入步骤 17 所装配好的组件
19	推板导套		铜棒	将推板导套装入顶针固定板
20	顶针垫板		铜棒	将顶针垫板与步骤 16 中顶针固定板对齐放置
21	顶针垫板螺钉		内六角扳手、套筒	将顶针垫板与顶针固定板用螺钉紧固
22	顶出复位弹簧		手工	将复位弹簧放入复位杆处

序　号	零部件名称	实物图片	装配工具	备　注
23	顶出系统		手工	将步骤 16～22 形成的组件装入步骤 15 装配组件
24	支撑柱		手工	将支撑柱放置于动模底板合适位置处
25	模脚		铜棒	用铜棒将模脚敲入模架定位销
26	模架定位销（下）		铜棒	用铜棒将定位销敲入模脚
27	动模底板		手工	取出动模底板准备装配

序　号	零部件名称	实物图片	装配工具	备　注
28	垃圾钉		铜棒	将垃圾钉敲入动模底板
29	推板导柱		铜棒	用铜棒将推板导柱敲入动模底板
30	动模底板组件		铜棒	将步骤 27～29 生成的组件装入步骤 26 生成的组件
31	支撑柱螺钉		内六角扳手、套筒	用螺钉将支撑柱固定于动模底板
32	动模座板短螺钉		内六角扳手、套筒	用套筒扳手将动模座板短螺钉旋入模板

序　号	零部件名称	实物图片	装配工具	备　注
33	动模座板长螺钉		内六角扳手、套筒	用套筒扳手将动模座板长螺钉旋入模板
34	吊装块		手工	将吊装块放置于动模板合适位置处
35	吊装块螺钉		内六角扳手、套筒	用螺钉将吊装块固定于动模板
36	吊环		通用手柄	将吊环按供应商提供的力用通用手柄拧入吊装块
37	定模板		手工	取出定模板准备装配

序　号	零部件名称	实物图片	装配工具	备　注
38	密封圈		手工	将密封圈放入定模板
39	水路快速接头		内六角扳手	将水路快速接头用扳手旋入动模板
40	复位杆垫片		手工	将复位杆垫块放置于定模板合适位置
41	复位杆垫片螺钉		内六角扳手、套筒	用螺钉将复位杆垫块固定于定模板
42	定模侧定位块		手工	将定位块放置于定模板合适位置上

序 号	零部件名称	实物图片	装配工具	备 注
43	定模侧定位块螺钉		内六角扳手、套筒	用螺钉将定位块固定于定模板
44	导套		铜棒	将导套用铜棒敲入定模板
45	模架定位销—定模		铜棒	用铜棒将定位销敲入定模板
46	型腔		手工	取出型腔准备装配
47	水路堵头—定模		内六角扳手	将水路堵头用扳手旋入型腔

序 号	零部件名称	实物图片	装配工具	备 注
48	型腔组件		铜棒	将步骤46～47组件用铜棒敲入定模板
49	型腔镶件螺钉		内六角扳手、套筒	用螺钉将型腔固定于定模板
50	浇口套		铜棒	用铜棒将浇口套敲入步骤49形成的组件
51	浇口套螺钉		内六角扳手、套筒	用螺钉将浇口套固定于定模板
52	定模底板		铜棒	用铜棒将定模底板敲入步骤51形成的组件

序　号	零部件名称	实物图片	装配工具	备　注
53	定模底板螺钉		内六角扳手、套筒	用螺钉将定模底板固定于定模板
54	定位圈		手工	将定位圈放置于定模底板合适位置处
55	定位圈螺钉		内六角扳手、套筒	用螺钉将定位圈固定于定模座板
56	模具定模侧		铜棒	将已各自装配好的模具动定模侧装配在一起

序　号	零部件名称	实物图片	装配工具	备　注
57	锁模板		手工	将锁模块放置于模具合适位置处
58	锁模板螺钉		内六角扳手、套筒	用螺钉将锁模块固定于模具
59	整副模具			装配完成的典型完整两板模

6.3　简易三板模

6.3.1　概述

在了解了第一节和第二节中所述的简化二板模、典型两板模的拆装过程之后，我们深入一步学习较为结构复杂的三板模的拆装，主要目的是要了解一般三板模的拆装流程，这阶段还是处于对模具基本结构的了解，所以实例是简化的三板模。

学习目的：了解三板模的基本结构和拆装过程以及它的测绘基本常识。

6.3.2 结构示意图

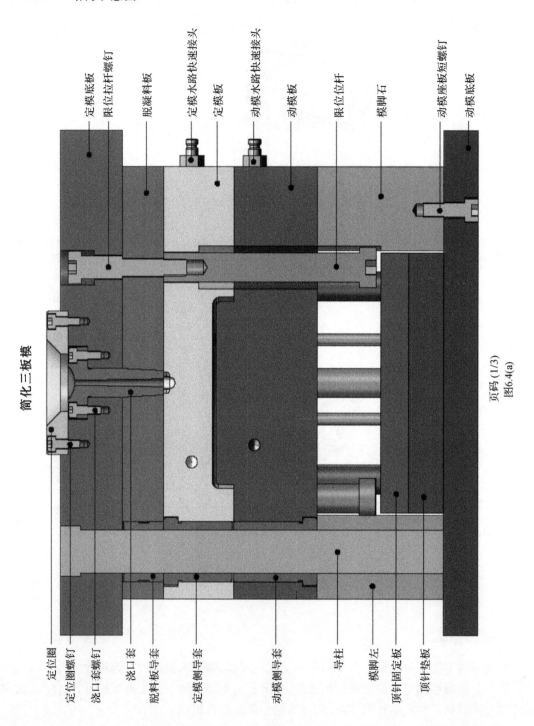

简化三板模

定模底板
限位拉杆螺钉
脱凝料板
定模水路快速接头
定模板
动模水路快速接头
动模板
限位拉杆
模脚石
动模座板短螺钉
动模底板

定位圈
定位圈螺钉
浇口套螺钉
浇口套
脱料板导套
定模侧导套
动模侧导套
导柱
模脚左
顶针固定板
顶针垫板

页码 (1/3)
图6.4(a)

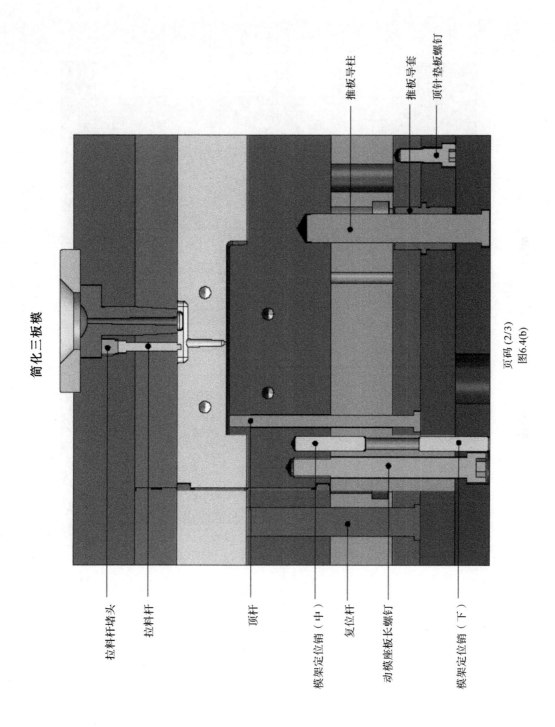

简化三板模

拉料杆堵头

拉料杆

顶杆

模架定位销（中）

复位杆

动模座板长螺钉

模架定位销（下）

推板导柱

推板导套

顶针垫板螺钉

页码 (2/3)
图6.4(b)

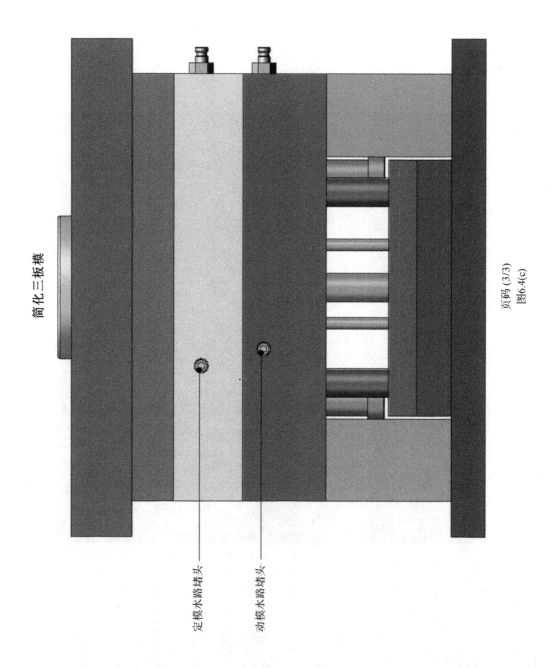

简化三板模

定模水路堵头

动模水路堵头

页码 (3/3)

图6.4(c)

6.3.3 拆装要点

1) 6.3.4 中的表为装配过程详解,拆卸为装配的逆过程。

2) 在实际生产过程中模具的装配方法和顺序多种多样,以下所列的只是其中的一种常见的装配过程。

3) 以下所示的同个引号内的序号所对应的零件无特定的装配顺序(可随意改变同个引号内零件的装配顺序):"2、3、4、5""7、8、9""18、19""21、22、23""36、37"。

4) 本副模具拆装过程中的注意事项:

① 装配之前要先对整副模具进行了解,看清总装图以及设计师所制定的各个要求。

② 一般的在装配有定位销定位的零件时要先安装好定位销之后再拧螺钉进行紧固。

③ 在用铜棒敲打装配件时要注意装配件受力的平稳性,防止装配件在铜棒敲打时卡死。

④ 在安装拉钩和定距螺钉时螺钉要有一定的预载以保证定距螺钉不会松动。

6.3.4 拆装流程详解

序　号	零部件名称	实物图片	装配工具	备　注
1	动模板		手工	取出动模板准备装配
2	动模水路堵头		内六角扳手	将水路堵头用扳手旋入动模板
3	动模水路快速接头		活扳手	将水路快速接头用扳手旋入动模板

序 号	零部件名称	实物图片	装配工具	备 注
4	导柱		铜棒	导柱装入动模板
5	模架定位销（中）		铜棒	用铜棒将定位销敲入动模板
6	顶针固定板		手工	将顶针固定板放至装配指定位置
7	复位杆		铜棒	将复位杆放入顶针固定板
8	推板导套		铜棒	将推板导套装入顶针固定板
9	顶杆		铜棒	将顶杆一根一根装入顶针固定板

序　号	零部件名称	实物图片	装配工具	备　注
10	顶针垫板		铜棒	将顶针垫板与步骤 6 中顶针固定板对齐放置
11	顶针垫板螺钉		内六角扳手、套筒	将顶针垫板与顶针固定板用螺钉紧固
12	顶出系统		铜棒	将步骤 6－11 形成的组件装入步骤 1－5 形成的组件
13	模脚		铜棒	将模脚装入步骤 12 生成的组件
14	模架定位销（下）		铜棒	用铜棒将定位销敲入模脚
15	动模座板		手工	取出动模座板准备装配

序　号	零部件名称	实物图片	装配工具	备　注
16	推板导柱		铜棒	将推板导柱敲入动模座板
17	动模座板组件		铜棒	将步骤 15－16 生成的组件装入步骤 14 生成的组件
18	动模座板长螺钉		内六角扳手、套筒	用套筒扳手将动模座板长螺钉旋入模板
19	动模座板短螺钉		内六角扳手、套筒	用套筒扳手将动模座板短螺钉旋入模板
20	定模板		手工	取出定模板准备装配

序 号	零部件名称	实物图片	装配工具	备 注
21	定模水路堵头		内六角扳手	将水路堵头用扳手旋入定模板
22	定模水路快速接头		活扳手	将水路快速接头用扳手旋入定模板
23	定模侧导套		铜棒	将导套用铜棒敲入定模板
24	脱凝料板		手工	取出脱凝料板准备装配
25	脱凝料板导套		铜棒	将脱凝料板导套装入脱凝料板

序 号	零部件名称	实物图片	装配工具	备 注
26	定模座板		手工	取出定模底板准备装配
27	导柱		铜棒	用铜棒将导柱敲入定模座板
28	定模座板组件1		铜棒	将步骤24－25生成的组件装入步骤26－27生成的组件
29	定模座板组件2		铜棒	将步骤20－23生成的组件装入步骤28生成的组件
30	拉料杆		铜棒	将拉料杆装入步骤29生成的组件
31	拉料杆堵头		内六角扳手、套筒	将拉料杆堵头用扳手旋入定模座板

序 号	零部件名称	实物图片	装配工具	备 注
32	浇口套		铜棒	用铜棒将浇口套敲入步骤 31 形成的组件
33	浇口套螺钉		内六角扳手、套筒	将浇口套用螺钉进行紧固
34	定位圈		手工	将定位圈放置于定模底板指定位置上
35	定位圈螺钉		内六角扳手、套筒	将定位圈用螺钉进行紧固
36	限位拉杆		内六角扳手、套筒	将限位拉杆放入定模合适位置

序 号	零部件名称	实物图片	装配工具	备 注
37	限位拉杆螺钉		内六角扳手、套筒	将限位拉杆螺钉与限位拉杆紧固
38	定模侧		铜棒	将已各自装配好的模具动定模侧装配在一起
39	整副模具			装配完成的简易三板模

6.3.5　绘图

详见附带教学资源。

6.4　典型三板模(斜顶机构)

6.4.1　概述

本实例为实际生产中的三板模,本章主要是要了解实际生产中三板模的拆装过程,对整个模具的拆装过程有一个更加深入的了解。并要熟悉斜顶抽芯机构的结构和拆装过程以及测绘要点。

学习目的:熟悉实际生产中的三板模拆装过程,深入了解模具拆装过程和测绘。

6.4.2 结构示意图

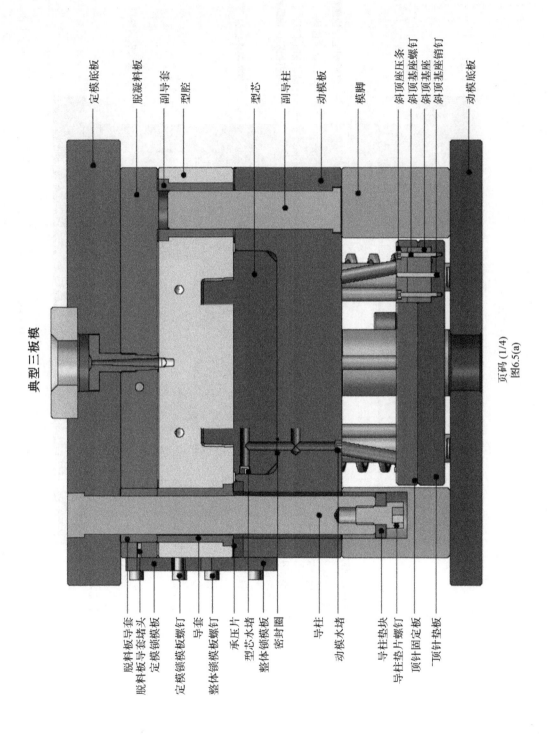

定模底板
脱凝料板
副导套
型腔
型芯
副导柱
动模板
模脚
斜顶座压条
斜顶基座螺钉
斜顶基座
斜顶基座销钉
动模底板

典型三板模

脱料板导套
脱料板导套堵头
定模锁模板
定模锁模板螺钉
导套
整体锁模板螺钉
承压片
型芯水堵
整体锁模板
密封圈
导柱
动模水堵
导柱垫块
导柱垫片螺钉
顶针固定板
顶针垫板
动模底板

页码 (1/4)
图6.5(a)

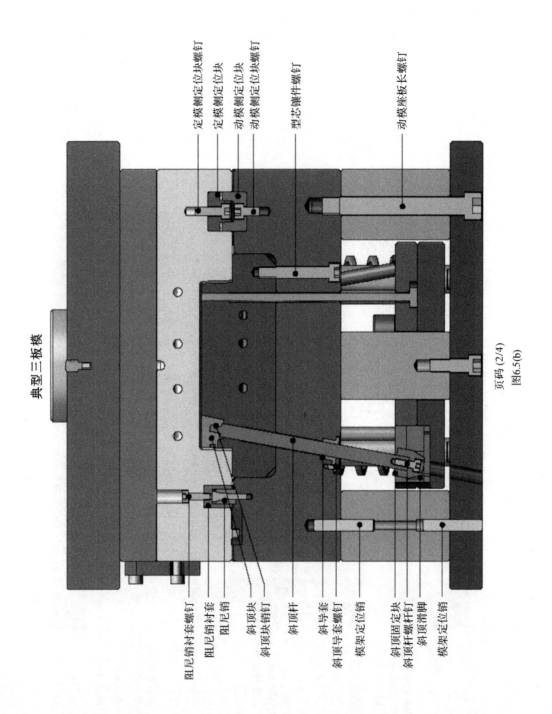

典型三板模

定模侧定位块螺钉
定模侧定位块
动模侧定位块
动模侧定位块螺钉
型芯镶件螺钉
动模座板长螺钉

阻尼销衬套螺钉
阻尼销衬套
阻尼销
斜顶块
斜顶块销钉
斜顶杆
斜导套
斜顶导套螺钉
模架定位销
斜顶固定块
斜顶杆螺钉
斜顶滑脚
模架定位销

页码 (2/4)
图6.5(b)

典型三板模

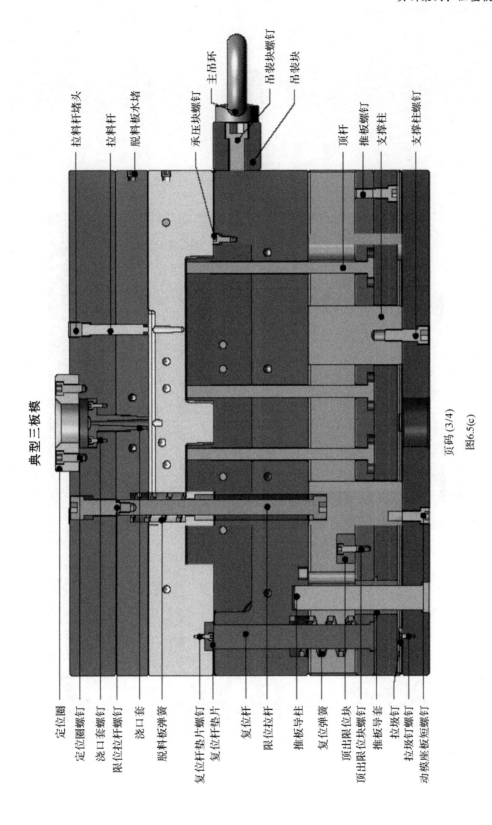

页码 (3/4)

图6.5(c)

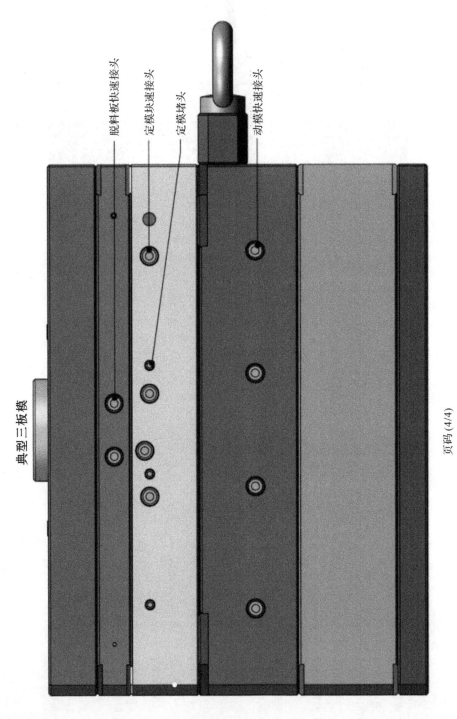

典型三板模

脱料板板快速接头

定模块速接头

定模堵头

动模快速接头

页码 (4/4)

图6.5(d)

6.4.3 拆装要点

1）6.4.4 中的表为装配过程详解,拆卸为装配的逆过程。

2）在实际生产过程中模具的装配方法和顺序多种多样,以下所列的只是其中的一种常见的装配过程。

3）以下所示的同个引号内的序号所对应的零件无特定的装配顺序(可随意改变同个引号内零件的装配顺序):"2、3、4、6、8、9、11、12、14、15""5、7、10、13、18""19、20""22、24""23、25""27、28、32""33、34、35""37、38""43、44""51、53""49、55、56、57""59、61、62、63、64、66、68、69""60、65、67""71、72、73""74、75""76、78、79、81、83""77、80、82、84、85""86、87"。

4）本副模具拆装过程中的注意事项:

① 装配之前要先对整副模具进行了解,看清总装图以及设计师所制定的各个要求。

② 一般的在装配有定位销定位的零件时要先安装好定位销之后再拧螺钉进行紧固。

③ 在用铜棒敲打装配件时要注意装配件受力的平稳性,防止装配件在铜棒敲打时卡死。

④ 斜顶安装后要保证斜顶杆和斜顶滑脚都能自由滑动,最好能加润滑油润滑。

⑤ 在安装拉钩和定距螺钉时螺钉要有一定的预载以保证定距螺钉不会松动。

6.4.4 拆装流程详解

序 号	零部件名称	实物图片	装配工具	备 注
1	动模板		吊环、通用手柄、钢丝绳、行车	取出动模板准备装配
2	密封圈		手工	将密封圈入动模板
3	动模快速接头		内六角扳手	将快速接头用扳手旋入动模板

序　号	零部件名称	实物图片	装配工具	备　注
4	承压片		手工	将承压片放入动模板适当凹槽处
5	承压片螺钉		内六角扳手、套筒	用螺钉将承压片固定于动模板
6	动模侧定位块		手工	将定位块放置于动模板合适位置处
7	动模侧定位块螺钉		内六角扳手、套筒	用螺钉将定位块固定于动模板
8	阻尼销		内六角扳手	将阻尼销固定于动模板合适位置

序 号	零部件名称	实物图片	装配工具	备 注
9	吊装块		手工	将吊装块放置于动模板合适位置处
10	吊装块螺钉		内六角扳手、套筒	用螺钉将吊装块固定于动模板
11	副导柱		铜棒	用铜棒将副导柱敲入动模板
12	斜导套		铜棒	用铜棒将斜导套敲入动模板
13	斜顶导套螺钉		内六角扳手、套筒	用螺钉将斜导套固定于动模板

序　号	零部件名称	实物图片	装配工具	备　注
14	动模板水堵		内六角扳手	将水堵用扳手旋入动模板
15	模架定位销		铜棒	用铜棒将定位销敲入动模板
16	型芯		吊环、通用手柄、钢丝绳、行车	取出型芯准备装配
17	型芯水堵		内六角扳手	将水堵用扳手旋入型芯
18	型芯组件		吊环、通用手柄、钢丝绳、行车、铜棒	将步骤16－17组件用铜棒敲入动模板

序　号	零部件名称	实物图片	装配工具	备　注
19	型芯组件螺钉		内六角扳手、套筒	用螺钉将型芯固定于动模板
20	吊环		通用手柄	将吊环按供应商提供的力用通用手柄拧入吊装块
21	顶针固定板		手工	将顶针固定板放至装配指定位置
22	复位杆		铜棒	将复位杆放入顶针固定板
23	复位弹簧		手工	将复位弹簧放入复位杆处

序 号	零部件名称	实物图片	装配工具	备 注
24	顶出限位块		手工	将顶出限位块放置于顶针固定板合适位置
25	顶出限位块螺钉		内六角扳手、套筒	用螺钉将顶出限位块固定于顶针固定板
26	顶出系统		铜棒	将步骤21～25形成的组件装入动模板合适位置
27	模脚		铜棒	用铜棒将模脚敲入模架定位销
28	推板导套		铜棒	将推板导套装入顶针固定板

序　号	零部件名称	实物图片	装配工具	备　注
29	推板导柱		铜棒	将推板导柱插入步骤 28 中的推板导套
30	顶杆		铜棒	将顶杆一根一根装入步骤 29 所装配好的组件
31	拆卸推板导柱		铜棒	装好顶杆之后将推板导柱从导套中抽出
32	支撑柱		手工	将支撑柱放置于步骤 31 所装配好的组件合适位置处
33	顶针垫板		手工	取出顶针垫板准备装配

序　号	零部件名称	实物图片	装配工具	备　注
34	斜顶基座		手工	取出斜顶基座准备装配
35	斜顶杆固定块		手工	取出斜顶固定块准备装配
36	斜顶滑脚		手工	将斜顶滑脚装于斜顶固定块处
37	斜顶滑动组件		手工	将步骤35～36形成的组件装入斜顶基座合适位置
38	斜顶座压条		手工	将斜顶座压条放置于斜顶基座上

序　号	零部件名称	实物图片	装配工具	备　注
39	斜顶基座组件		铜棒	将步骤 34～38 形成的组件装入顶针垫板合适位置
40	斜顶基座销钉		铜棒	用铜棒将定位销敲入步骤 39 装配组件
41	斜顶基座螺钉		内六角扳手、套筒	用螺钉将斜顶基座组件固定于顶针垫板
42	顶针垫板组件		铜棒	将步骤 33～41 组件放置于步骤 32 所装配好的组件
43	顶针垫板螺钉		内六角扳手、套筒	将顶针垫板与顶针固定板用螺钉紧固

序　号	零部件名称	实物图片	装配工具	备　注
44	模架定位销		铜棒	用铜棒将定位销敲入模脚
45	斜顶块		手工	取出斜顶块准备装配
46	斜顶杆		铜棒	将斜顶块与斜顶杆进行装配
47	斜顶块销钉		铜棒	用铜棒将销钉敲入斜顶块
48	斜顶块组件		铜棒	将步骤45～47生成组件装入步骤44所装配好的组件

序　号	零部件名称	实物图片	装配工具	备　注
49	斜顶杆螺钉		内六角扳手、套筒	用螺钉将斜顶杆与斜顶杆固定块固定
50	动模底板		吊环、通用手柄、钢丝绳、行车	取出动模底板准备装配
51	垃圾钉		手工	将垃圾钉放置于动模底板合适位置
52	垃圾钉螺钉		内六角扳手、套筒	用螺钉将垃圾钉固定于动模底板
53	推板导柱		铜棒	用铜棒将推板导柱敲入动模座板

序　号	零部件名称	实物图片	装配工具	备　注
54	动模底板组件		吊环、通用手柄、钢丝绳、行车、铜棒	将步骤50－53装配组件放入步骤49所生成的组件
55	动模座板短螺钉		内六角扳手、套筒	用套筒扳手将动模座板短螺钉旋入模板
56	动模座板长螺钉		内六角扳手、套筒	用套筒扳手将动模座板长螺钉旋入模板
57	支撑柱螺钉		内六角扳手、套筒	用螺钉将支撑柱固定于动模底板
58	定模板		吊环、通用手柄、钢丝绳、行车	取出定模板准备装配

序　号	零部件名称	实物图片	装配工具	备　注
59	定模侧定位块		手工	将定位块放置于定模板合适位置上
60	定模侧定位块螺钉		内六角扳手、套筒	用螺钉将定位块固定于定模板
61	定模快速接头		内六角扳手	将快速接头用扳手旋入定模板
62	定模堵头		内六角扳手	将定模堵头拧入定模板
63	副导套		铜棒	用铜棒将副导套敲入定模板

序　号	零部件名称	实物图片	装配工具	备　注
64	阻尼销衬套		铜棒	用铜棒将阻尼销衬套敲入定模板
65	阻尼销衬套螺钉		内六角扳手、套筒	用螺钉将阻尼销衬套固定于定模板
66	复位杆垫片		手工	将复位杆垫片放入定模板合适位置
67	复位杆垫片螺钉		内六角扳手、套筒	用螺钉将复位杆垫片固定于定模板
68	导套		铜棒	用铜棒将导套敲入定模板

序 号	零部件名称	实物图片	装配工具	备 注
69	脱料板弹簧		手工	将脱料板弹簧放入定模板合适位置
70	脱料板		吊环、通用手柄、钢丝绳、行车	将脱料板放置于定模板上
71	脱料板水堵		内六角扳手	将水堵拧入脱料板
72	脱料板快速水接头		内六角扳手	将快速水接头拧入脱料板
73	脱料板导套		铜棒	用铜棒将脱料板导套敲入脱料板

序　号	零部件名称	实物图片	装配工具	备　注
74	脱料板导套堵头		内六角扳手	将脱料板导套堵头旋入脱料板
75	定模底板		吊环、通用手柄、钢丝绳、行车	将定模底板放置于脱料板上
76	限位拉杆		手工	将限位拉杆放入定模合适位置
77	限位拉杆螺钉		内六角扳手、套筒	将限位拉杆用螺钉固定于定模
78	导柱		铜棒	用铜棒将导柱敲入定模

序 号	零部件名称	实物图片	装配工具	备 注
79	拉料杆		铜棒	将拉料杆放入定模合适位置处
80	拉料杆堵头		内六角扳手、套筒	用堵头将拉料杆固定
81	浇口套		铜棒	用铜棒将浇口套敲入定模座板
82	浇口套螺钉		内六角扳手、套筒	用螺钉将浇口套固定于定模座板
83	定模锁模板		手工	将定模锁模板放置于定模合适位置

序　号	零部件名称	实物图片	装配工具	备　注
84	定模锁模板螺钉		内六角扳手、套筒	将定模锁模板固定于定模处
85	导柱垫片		手工	将导柱垫片放于导柱上
86	导柱垫片螺钉		内六角扳手、套筒	用螺钉将导柱垫片固定于导柱
87	定位圈		手工	将定位圈放置于定模座板合适位置处
88	定位圈螺钉		内六角扳手、套筒	用螺钉将定位圈固定于定模座板

序 号	零部件名称	实物图片	装配工具	备 注
89	定模侧		吊环、通用手柄、钢丝绳、行车、铜棒	将已各自装配好的模具动定模侧装配在一起
90	整体锁模板		手工	将整体锁模板放置于合适位置
91	整体锁模板螺钉		内六角扳手、套筒	将整体锁模板固定于模具
92	整副模具			装配完成的典型三板模

6.5 典型抽芯滑块模（热流道）

6.5.1 概述

本实例为有侧向抽芯的热流道模具，在熟悉了一些比较基本的模具后接触有较多机构的抽芯滑块模具，综合全面的了解模具拆装，并且更加熟悉侧向抽芯机构和热流道系统以及模具测绘。

学习目的：全面了解模具的拆装，加深对热流道和侧向抽芯机构的了解以及更深入地了解模具测绘。

6.5.2 结构示意图

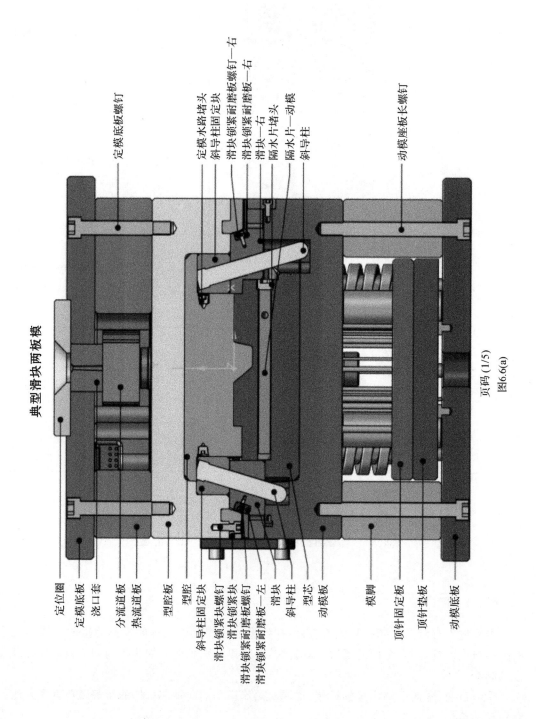

典型滑块两板模

定模底板螺钉
定模水路板堵头
斜导柱固定块
滑块锁紧耐磨板螺钉—右
滑块锁紧耐磨板—右
滑块—右
隔水片堵头
隔水片—动模
斜导柱
动模座板长螺钉

定位圈
定模底板
浇口套
分流道板
热流道板
型腔板
型腔
斜导柱固定块
滑块锁紧块螺钉
滑块锁紧块
滑块锁紧耐磨板螺钉
滑块锁紧耐磨板—左
滑块
斜导柱
型芯
动模板
模脚
顶针固定板
顶针垫板
动模底板

页码 (1/5)
图6.6(a)

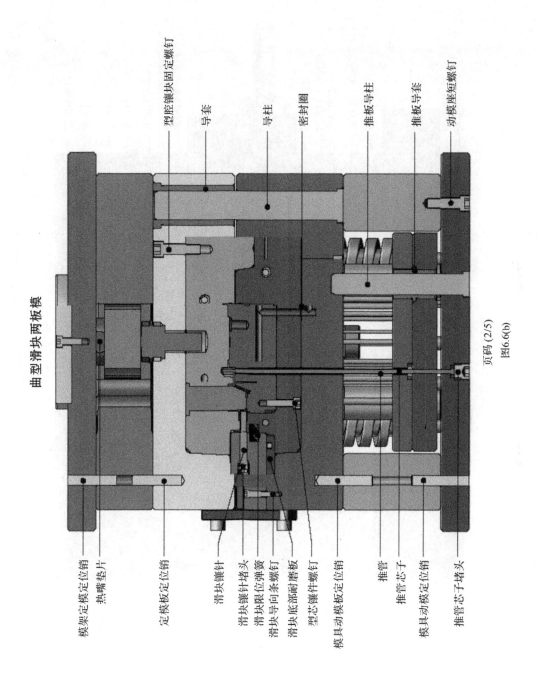

曲型滑块两板模

型腔镶块固定螺钉
导套
导柱
密封圈
推板导柱
推板导套
动模座短螺钉

模架定模定位销
热嘴垫片
定模板定位销
滑块镶针
滑块镶针堵头
滑块限位弹簧
滑块导向条螺钉
滑块底部耐磨板
型芯镶件螺钉
模具动模板定位销
推管
推管芯子
模具动模定位销
推管芯子堵头

页码 (2/5)

图6.6(b)

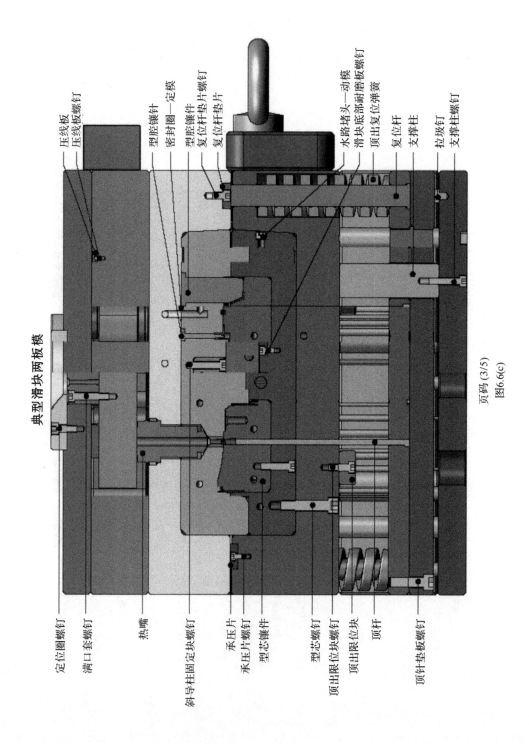

典型滑块两板模

定位圈螺钉
浇口套螺钉
热嘴
斜导柱固定块螺钉
承压片
承压片螺钉
型芯镶件
型芯螺钉
顶出限位块螺钉
顶出限位块
顶杆
顶针垫板螺钉

压线板
压线板螺钉
型腔镶针
密封圈—定模
型腔镶件
复位杆垫片螺钉
复位杆垫片
水路堵头—动模
滑块底部耐磨板螺钉
顶出复位弹簧
复位杆
支撑柱
拉极钉
支撑柱螺钉

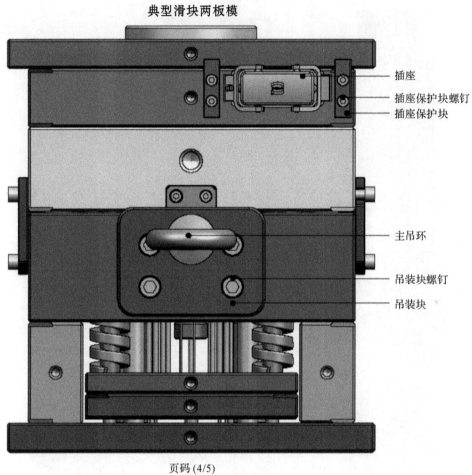

典型滑块两板模

插座

插座保护块螺钉

插座保护块

主吊环

吊装块螺钉

吊装块

页码 (4/5)

图6.6(d)

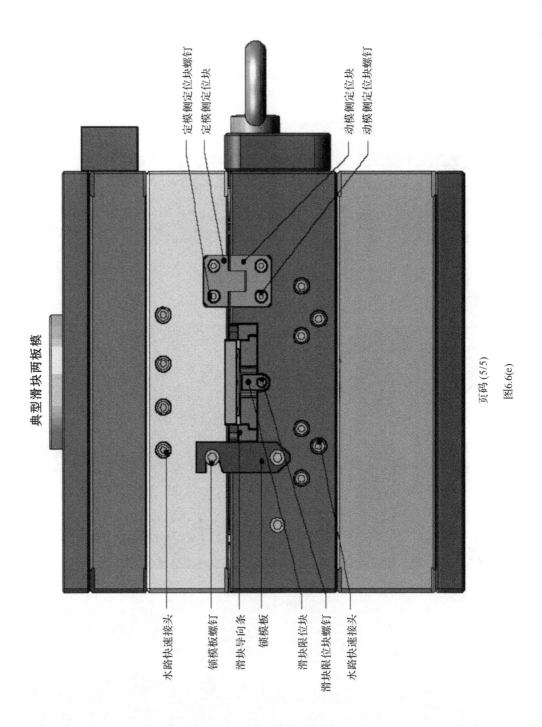

典型滑块两板模

水路快速接头
锁模板螺钉
滑块导向条
锁模板
滑块限位块
滑块限位块螺钉
水路快速接头

定模侧定位块螺钉
定模侧定位块
动模侧定位块
动模侧定位块螺钉

页码 (5/5)

图6.6(e)

6.5.3　拆装要点

1）6.5.4 中的表为装配过程详解，拆卸为装配的逆过程。

2）在实际生产过程中模具的装配方法和顺序多种多样，以下所列的只是其中的一种常见的装配过程。

3）以下所示的同个引号内的序号所对应的零件无特定的装配顺序（可随意改变同个引号内零件的装配顺序）："2、3、4、6、8、9、11""13、14、15""5、7、10、19""16、17""20、21、23、25""22、24、26""36、37、38""39、40""42、43""44、45""46、47""49、50、51""52、53""55、56、57、58""61、63、65、67、68、69""71、72、73""62、64、66、74""79、81、83""84、85""87、88""90、91""92、93""96、98、99""100、101"。

4）本副模具拆装过程中的注意事项：

① 装配之前要先对整副模具进行了解，看清总装图以及设计师所制定的各个要求。

② 一般的在装配有定位销定位的零件时要先安装好定位销之后再拧螺钉进行紧固。

③ 在用铜棒敲打装配件时要注意装配件受力的平稳性，防止装配件在铜棒敲打时卡死。

④ 安装热流道时要注意：安装前要清理模板上所有异物和毛刺，并仔细检查安装孔的深度和孔位。需要封胶的部位要涂红丹检查配合面以确保不漏胶。电线的安放要整齐，并且要保证电线不被划破。

⑤ 滑块安装时不可被滑块压条压紧，要求滑安装后块能在导向槽内自由滑动。

6.5.4　拆装流程详解

序　号	零部件名称	实物图片	装配工具	备　注
1	动模板		吊环、通用手柄、钢丝绳、行车	取出动模板准备装配
2	密封圈		手工	将密封圈放在动模板的安装位置上

序　号	零部件名称	实物图片	装配工具	备　注
3	动模快速水接头		内六角扳手	将快速水接头用扳手旋入动模板
4	承压片		手工	将承压片放置于动模板上的安装位置
5	承压片螺钉		内六角扳手、套筒	用螺钉将承压片固定于动模板
6	动模侧定位块		手工	将动模侧定位块放置于动模板上的安装位置
7	动模侧定位块螺钉		内六角扳手、套筒	用扳手将动模侧定位块固定于动模板

序　号	零部件名称	实物图片	装配工具	备　注
8	导柱		铜棒	用铜棒将导柱敲入动模板
9	顶出限位块		手工	装顶出限位块防置于动模板合适位置
10	顶出限位块螺钉		内六角扳手、套筒	用螺钉将顶出限位块固定于动模版
11	模具动模板定位销		铜棒	用铜棒将定位销敲入动模板
12	型芯		吊环、通用手柄、钢丝绳、行车	取出型芯准备装配

179

序　号	零部件名称	实物图片	装配工具	备　注
13	密封圈		手工	将密封圈入型芯
14	水路堵头—型芯		内六角扳手	将堵头用扳手旋入型芯
15	隔水片		铜棒、手钳	用铜棒将隔水片敲入型芯水孔
16	隔水片堵头		内六角扳手	将堵头用扳手旋入型腔
17	型芯镶件		铜棒	将型芯镶件放入型芯

序 号	零部件名称	实物图片	装配工具	备 注
18	型芯镶件螺钉		内六角扳手、套筒	用螺钉将型芯镶件固定于型芯
19	型芯组件		吊环、通用手柄、钢丝绳、行车、铜棒	将型芯组件放入动模板
20	型芯组件固定螺钉		内六角扳手、套筒	将型芯组件固定于动模板内
21	滑块底部耐磨板		手工	将滑块底部耐磨板放入动模板上的安装位置
22	滑块底部耐磨板螺钉		内六角扳手、套筒	用螺钉将耐磨板固定于动模板

序 号	零部件名称	实物图片	装配工具	备 注
23	吊装块		手工	将吊装块放置于动模板合适位置处
24	吊装块螺钉		内六角扳手、套筒	用螺钉将吊装块固定于动模板
25	顶出复位弹簧		手工	将复位弹簧放入动模板弹簧孔中
26	主吊环		通用手柄	将吊环旋入吊装块,注意吊环需安标准件供应商提供的参数来拧紧。
27	滑块限位弹簧		手工	将弹簧放置于型芯弹簧孔处

序　号	零部件名称	实物图片	装配工具	备　注
28	滑块—1		手工	取出滑块准备装配
29	滑块镶针		铜棒	用铜棒将滑块镶针敲入滑块
30	滑块镶针堵头		内六角扳手、套筒	用堵头将滑块镶针固定于滑块
31	锁紧耐磨板—1		手工	将锁紧耐磨板放置于滑块上的安装位置
32	锁紧耐磨板螺钉—1		内六角扳手、套筒	用螺钉将耐磨板固定于滑块

序　号	零部件名称	实物图片	装配工具	备　注
33	滑块—2		手工	取出滑块准备装配
34	滑块锁紧耐磨板—2		手工	将锁紧耐磨板放置于滑块上的安装位置
35	滑块锁紧耐磨板螺钉—2		内六角扳手、套筒	用螺钉将耐磨板固定于滑块
36	滑块组件 1		手工	将步骤 27～32 形成组件装入步骤 27 生成的组件
37	滑块组件 2		手工	将步骤 33～35 形成组件装入步骤 36 生成的组件

序　号	零部件名称	实物图片	装配工具	备　注
38	滑块导向条		手工	将滑块导向条装入步骤 37 形成组件
39	滑块导向条螺钉		内六角扳手、套筒	用螺钉将滑块导向条紧固
40	滑块限位块		手工	将滑块限位块放置于动模板上的安装位置
41	滑块限位块螺钉		内六角扳手、套筒	用螺钉将滑块限位块固定于动模板
42	顶针固定板		手工	将顶针固定板放到弹簧上

序　号	零部件名称	实物图片	装配工具	备　注
43	模脚		铜棒	用铜棒将模脚与步骤 42 形成的组件装配
44	复位杆		铜棒	将复位杆插入顶针固定板
45	推板导套		铜棒	将推板导套装入顶针固定板
46	顶杆		铜棒	将顶针一根一根装入步骤 45 所装配好的组件
47	推管		铜棒	将推管一根一根装入步骤 46 所装配好的组件

序　号	零部件名称	实物图片	装配工具	备　注
48	顶针垫板		铜棒	将顶针垫板与步骤 42 中顶针固定板对齐放置
49	顶针垫板螺钉		内六角扳手、套筒	将顶针垫板与顶针固定板用螺钉紧固
50	模具动模定位销		铜棒	用铜棒将定位销敲入动模脚
51	支撑柱		手工	将支撑柱放置于步骤 50 所形成组件上的安装位置
52	垃圾钉		铜棒	将垃圾钉敲入动模座板

序　号	零部件名称	实物图片	装配工具	备　注
53	推板导柱		铜棒	用铜棒将推板导柱敲入动模座板
54	动模座板组件		吊环、通用手柄、钢丝绳、行车、铜棒	将52－53形成的组件放入步骤51所生成的组件
55	支撑柱螺钉		内六角扳手、套筒	用螺钉将支撑柱固定于动模座板
56	动模座板短螺钉		内六角扳手、套筒	用套筒扳手将动模座板短螺钉旋入模板
57	动模座板长螺钉		内六角扳手、套筒	用套筒扳手将动模座板长螺钉旋入模板

序　号	零部件名称	实物图片	装配工具	备　注
58	推管芯子		铜棒	用铜棒将推管芯子放入步骤 57 所装配的组件
59	推管芯子堵头		内六角扳手、套筒	用堵头将推管芯子进行固定
60	型腔板		吊环、通用手柄、钢丝绳、行车	取出型腔板准备装配
61	定模侧定位块		手工	将定模侧定位块放置于定模板上的安装位置
62	定模侧定位块螺钉		内六角扳手、套筒	用螺钉将定模侧定位块固定于定模板

序 号	零部件名称	实物图片	装配工具	备 注
63	滑块锁紧块		手工	将滑块锁紧块放置于型腔板上的安装位置
64	滑块锁紧块螺钉		内六角扳手、套筒	用螺钉将滑块锁紧块固定于定模板
65	复位杆垫片		手工	将复位杆垫块放置于定模板上的安装位置
66	复位杆垫片螺钉		内六角扳手、套筒	用螺钉将复位杆垫块固定于定模板
67	导套		铜棒	将导套用铜棒敲入定模板

序　号	零部件名称	实物图片	装配工具	备　注
68	定模水路快速接头		内六角扳手	将水路快速接头用扳手旋入型腔板
69	密封圈		手工	将密封圈装入定模板
70	型腔		吊环、通用手柄、钢丝绳、行车	取出型腔准备装配
71	定模水路堵头		内六角扳手	将堵头用扳手旋入型腔
72	型腔镶件		铜棒	用铜棒将型腔镶件敲入型腔相应处

序　号	零部件名称	实物图片	装配工具	备　注
73	型腔镶针		铜棒	用铜棒将型腔镶针敲入型腔相应处
74	型腔组件		吊环、通用手柄、钢丝绳、行车、铜棒	用铜棒将步骤70～73所形成组件敲入型腔板
75	斜导柱固定块1		手工	取出斜导柱固定块1准备装配
76	斜导柱1		铜棒	用铜棒将斜导柱敲入斜导柱固定块1
77	斜导柱固定块2		手工	取出斜导柱固定块2准备装配

序　号	零部件名称	实物图片	装配工具	备　注
78	斜导柱 2		铜棒	用铜棒将斜导柱敲入斜导柱固定块 2
79	斜导柱固定块组件 1		铜棒	用铜棒将斜导柱固定块组件敲入步骤 74 形成的组件
80	斜导柱固定块螺钉		内六角扳手、套筒	用螺钉将斜导柱固定块固定于型腔
81	斜导柱固定块组件 2		铜棒	用铜棒将斜导柱固定块组件敲入步骤 80 装配组件
82	斜导柱固定块螺钉		内六角扳手、套筒	用螺钉将斜导柱固定块固定于型腔

序　号	零部件名称	实物图片	装配工具	备　注
83	型腔镶块固定螺钉		内六角扳手、套筒	用螺钉将型腔固定于定模板
84	定模板定位销		铜棒	用铜棒将定位销敲入定模板
85	热嘴		铜棒	将热嘴放入步骤 84 装配好的组件
86	分流道板		手工	将分流道板取出准备安装
87	热嘴垫片		手工	将热嘴垫片放置于分流道板上

序　号	零部件名称	实物图片	装配工具	备　注
88	浇口套		铜棒	将浇口套放置于分流道板上
89	浇口套螺钉		内六角扳手、套筒	用螺钉将浇口套固定于分流道板
90	热流道组件		手工	将热流道组件放于热嘴上
91	热流道板		吊环、通用手柄、钢丝绳、行车、铜棒	将热流道板放置于型腔板上
92	模架定模定位销		铜棒	用铜棒将定位销敲入热流道板

序　号	零部件名称	实物图片	装配工具	备　注
93	压线板		手工	将压线板放到热流道板上压线板的安装位置
94	压线板螺钉		内六角扳手	用螺钉将压线板固定于热流道板
95	定模底板		吊环、通用手柄、钢丝绳、行车、铜棒	将定模座板放置于热流道板上
96	插座		手工	将插座放置于定模合适位置
97	插座固定螺钉		内六角扳手、套筒	用螺钉将插座固定在模具上

序　号	零部件名称	实物图片	装配工具	备　注
98	定模座板螺钉		内六角扳手、套筒	用螺钉对定模座板进行紧固
99	定位圈		手工	将定位圈放到定模座板上定位圈的安装位置
100	定位圈螺钉		内六角扳手、套筒	用螺钉将定位圈固定于定模座板
101	插座保护块		手工	将插座保护块放置于定模上的安装位置
102	插座保护块螺钉		内六角扳手、套筒	用螺钉将插座保护块固定于热流道板

序　号	零部件名称	实物图片	装配工具	备　注
103	模具定模侧		吊环、通用手柄、钢丝绳、行车、铜棒	将已各自装配好的模具动定模侧装配在一起
104	锁模板		手工	将锁模块放置于模具上的安装位置
105	锁模板螺钉		内六角扳手、套筒	用螺钉将锁模块固定于模具
106	整副模具			装配完成的典型抽芯滑块模(热流道)

第 7 章　实训案例：冷冲模具

7.1　冲孔落料模

7.1.1　概述

在接触模具还不久的情况下，学习此副模具的拆装过程，主要是要了解冲压模具的一些基本结构和原理。并且熟悉模具装配的基本过程，以及有关模具测量与绘图的基本常识。

学习目的：了解冲压模具最基本结构、最基础的模具拆装过程和最基本的模具测绘常识。

7.1.2　结构示意图（如图 7-1）

7.1.3　拆装要点

1）7.1.4 中的表为装配过程详解，拆卸为装配的逆过程。

2）在实际生产过程中模具的装配方法和顺序多种多样，以下所列的只是其中的一种常见的装配过程。

3）本副模具拆装过程中的注意事项：

① 装配之前要先对整副模具进行了解，看清总装图以及设计师所制定的各个要求。

② 一般的在装配有定位销定位的零件时要先安装好定位销之后再拧螺钉进行紧固。

③ 在用铜棒敲打装配件时要注意装配件受力的平稳性，防止装配件在铜棒敲打时卡死。

结构示意图

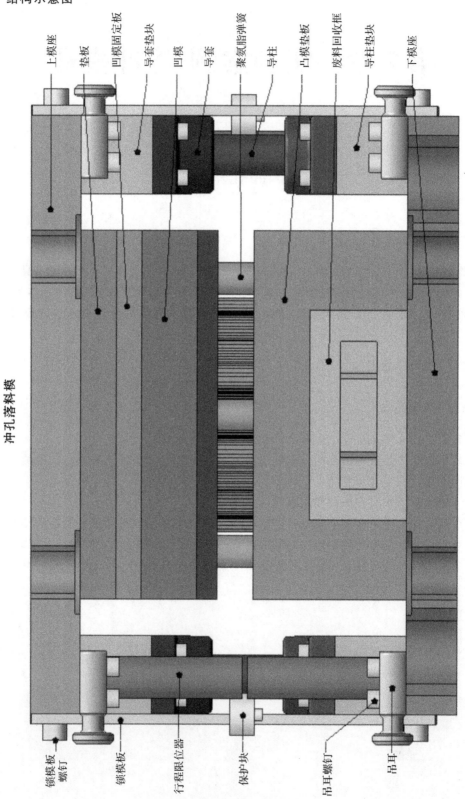

冲孔落料模

上模座
垫板
凹模固定板
导套垫块
凹模
导套
聚氨脂弹簧
导柱
凸模垫板
废料回收框
导柱垫块
下模座

锁模板螺钉
锁模板
行程限位器
保护块
吊耳螺钉
吊耳

冲孔落料模

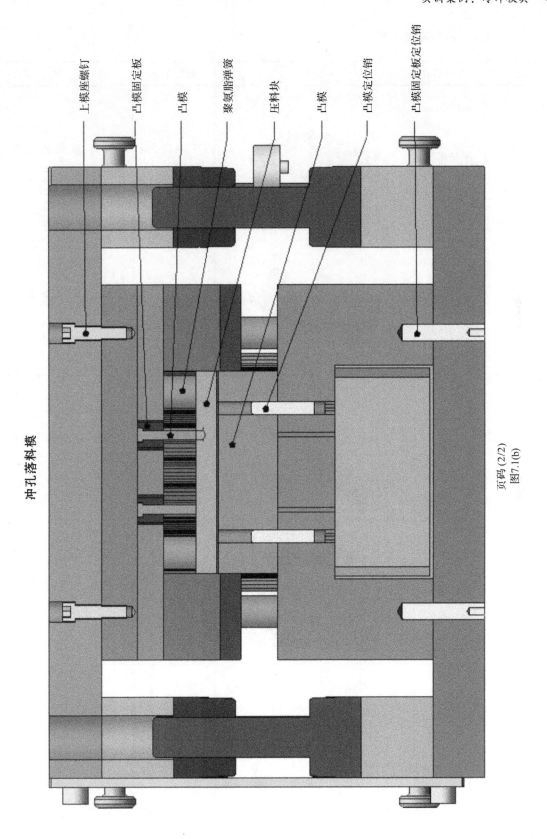

上模座螺钉　凸模固定板　凸模　聚氨脂弹簧　压料块　凸模　凸模定位销　凸模固定板定位销

页码 (2/2)
图7.1(b)

7.1.4 拆装流程详解

序　号	零部件名称	实物图片	装配工具	备　注
1	下模座板		吊环、通用手柄、钢丝绳、行车	取出下模座板准备装配
2	吊耳(下)		手工	将吊耳放在下模座板上
3	吊耳螺钉		内六角扳手、套筒	将吊耳用吊耳螺钉紧固在下模座板上
4	凸模垫板		吊环、通用手柄、钢丝绳、行车	取出凸模垫板准备装配
5	凸模定位销		铜棒	用铜棒将凸模定位销敲入凸模垫板

序 号	零部件名称	实物图片	装配工具	备 注
6	凸模		手工	将凸模装在凸模垫板上
7	聚氨酯弹簧		手工	将聚氨酯弹簧放在凸模垫板上
8	卸料板		手工	将卸料板放在聚氨酯弹簧上
9	凸模定位销螺塞		内六角扳手	将定位销螺塞旋入凸模垫板中
10	凸模固定板螺钉		内六角扳手、套筒	将凸模固定板螺钉旋入凸模中

序 号	零部件名称	实物图片	装配工具	备 注
11	压料板螺钉		内六角扳手、套筒	将凸模垫板与卸料板用螺钉紧固
12	挡料销		铜棒	将挡料销装入卸料板上
13	凸模组件		吊环、通用手柄、钢丝绳、行车	将步骤 4－12 生成的组件装入步骤 1～3 生成的组件
14	凸模固定板定位销		铜棒	用铜棒将凸模固定板定位销敲入下模座板
15	下模座螺钉		内六角扳手、套筒	用套筒扳手将下模座螺钉旋入下模座

序　号	零部件名称	实物图片	装配工具	备　注
16	废料回收框		手工	将废料回收框放入凸模垫板中
17	导柱固定板		手工	将导柱固定板放在下模座上
18	导柱固定板螺钉		内六角扳手、套筒	用套筒扳手将导柱固定板与下模板紧固
19	导柱		手工	将导柱放在导柱固定板上
20	导柱定位销		铜棒	将导柱定位销敲入导柱

序　号	零部件名称	实物图片	装配工具	备　注
21	导柱螺钉		内六角扳手、套筒	用导柱螺钉将导柱与导柱固定板紧固
22	行程限位器		手工	将行程限位器放在下模座上
23	行程限位器螺钉		内六角扳手、套筒	用行程限位螺钉将行程限位器与下模座紧固
24	上模座		吊环、通用手柄钢丝绳、行车	取出上模座准备装配
25	吊耳(上)		手工	将吊耳放在上模座上

序　号	零部件名称	实物图片	装配工具	备　注
26	吊耳螺钉		内六角扳手、套筒	将吊耳用吊耳螺钉紧固在上模座上
27	垫板		手工	将垫板取出准备装配
28	凸模固定板定位销		铜棒	将凸模固定板定位销敲入垫板
29	凹模固定板		手工	将凹模固定板放在垫板上
30	凸模		手工	将凸模放在凸模固定板指定位置

序　号	零部件名称	实物图片	装配工具	备　注
31	凸模固定板		手工	将凸模固定板放在凹模固定板指定位置
32	凸模固定板定位销螺塞		内六角扳手	将凸模固定板定位销螺塞装入凸模固定板中
33	凸模固定板螺钉		内六角扳手、套筒	将凸模固定板螺钉旋入凸模固定板
34	聚氨酯弹簧		手工	将聚氨酯弹簧放在凹模固定板上
35	压料板		手工	将压料板放在聚氨酯弹簧上并凸模刚好插入

序　号	零部件名称	实物图片	装配工具	备　注
36	凹模		吊环、通用手柄、钢丝绳、行车	将凹模放在凹模固定板上
37	卸料板螺钉		内六角扳手、套筒	将卸料板螺钉旋入垫板
38	凹模定位销		铜棒	将凹模定位销用铜棒敲入垫板
39	凹模螺钉		内六角扳手、套筒	将垫板，凹模固定板，凹模用凹模螺钉紧固
40	凹模组件		吊环、通用手柄、钢丝绳、行车	将步骤 27～39 生成的组件装入步骤 24～26 生成的组件

序　号	零部件名称	实物图片	装配工具	备　注
41	垫板定位销		铜棒	用铜棒将垫板定位销敲入上模座
42	上模座螺钉		内六角扳手、套筒	将上模座螺钉旋入上模座
43	导套固定板		手工	将导套固定板放在上模座上
44	导套固定板螺钉		内六角扳手、套筒	将导套固定板螺钉旋入上模座
45	导套		手工	将导套放在导套固定板上

序　号	零部件名称	实物图片	装配工具	备　注
46	导套定位销		铜棒	用铜棒将导套定位销敲入导套
47	导套定位销钉塞		内六角扳手	将导套定位销钉塞旋入导套
48	导套螺钉		内六角扳手、套筒	将导套与导套固定板用导套螺钉紧固
49	行程限位器		手工	将行程限位器放在上模座上
50	行程限位器螺钉		内六角扳手、套筒	将行程限位器与上模座用行程限位器螺钉紧固

序　号	零部件名称	实物图片	装配工具	备　注
51	上模座组件		钢丝绳、行车、铜棒	将步骤40～50上模座组件装入步骤13～23下模座组件
52	锁模板		手工	将锁模板装在上、下模座上
53	锁模板螺钉		内六角扳手、套筒	用套筒扳手将锁模板紧固在上、下模座上
54	保护块		手工	
55	整副模具			装配完成的冲孔落料模

7.1.5　测量

对模具零部件进行测量、检测是模具制造中的一个重要环节,主要应用在模具加工过程中或加工完成后。本实例对其主要典型零部件进行探讨,具体如下表所示。

典型零件	零件图片	测量工具	工具图片	备　注
凹模		游标卡尺		主要用来测量长度尺寸，如外形大小、定位销孔、螺钉孔等。
		直角尺		主要用于零件外形垂直度的检测。
		百分表或千分表		可用来检测模板外形的平面度、垂直度、平行度等。
		表面粗糙度比较样块		用来跟实际加工表面作比较，得出粗糙度是否达到使用要求。
		三坐标测量机		用来测量中间不规则的压料板槽。在实际生产中，往往用三坐标测量机来完成所有的检测任务（粗糙度检测除外）。

7.1.6 绘图

如前《模具绘图》所述,在实际整个模具生产过程中,为了缩短模具生产周期,工程部需在最短的时间内提供满足各种需要的图纸。本实例的装配图、典型零件图,如图 7-2 所示(详见附带教学资源)。

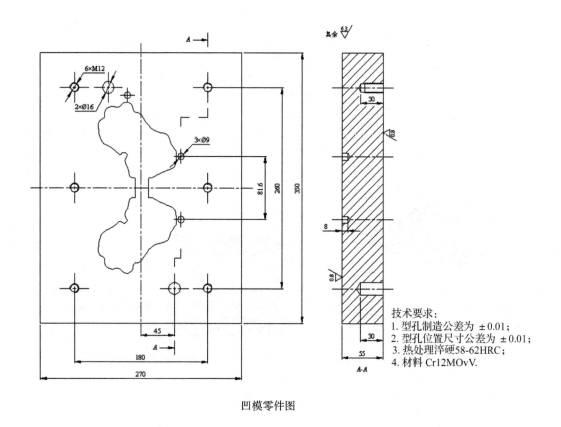

技术要求:
1. 型孔制造公差为 ±0.01;
2. 型孔位置尺寸公差为 ±0.01;
3. 热处理淬硬58-62HRC;
4. 材料 Cr12MOvV.

凹模零件图

图 7-2(a)

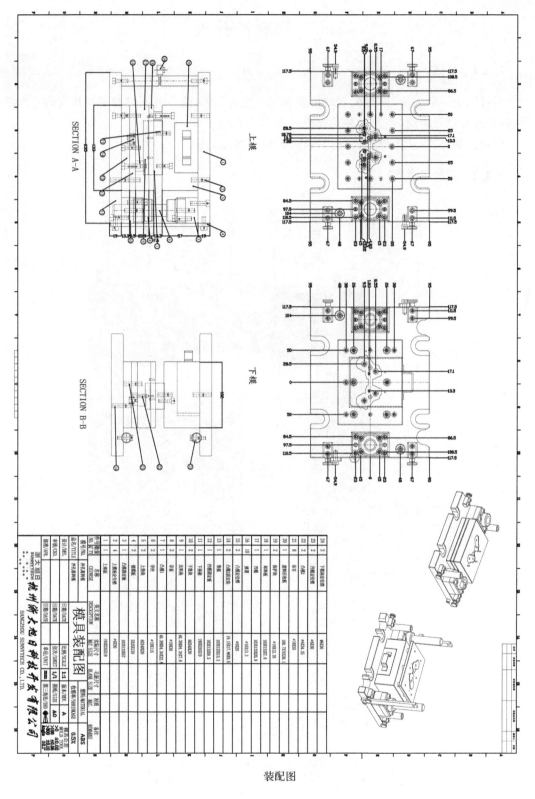

装配图

图 7-2(b)

7.2 切断冲孔模

7.2.1 概述

经过第上一节的学习,对模具的拆装有了一定的了解,这一节探讨切断冲孔模的基本结构、拆装过程以及测绘,使其对冲孔模进一步的了解。

学习目的:进一步了解冲孔模的结构、拆装过程及测绘。

7.2.2 结构示意图

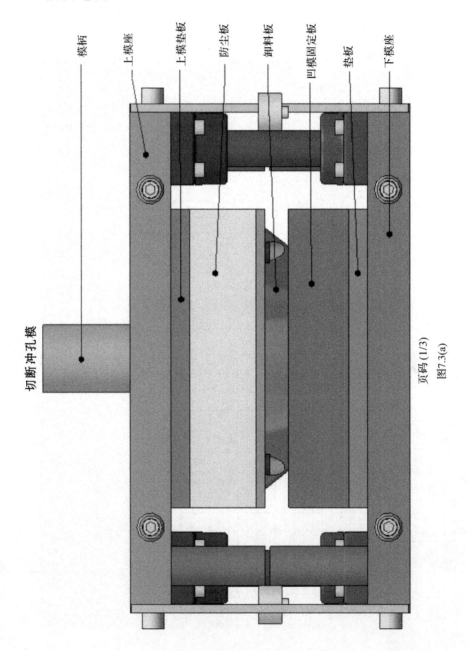

切断冲孔模

模柄 上模座 上模垫板 防尘板 卸料板 凹模固定板 垫板 下模座

页码 (1/3)

图7.3(a)

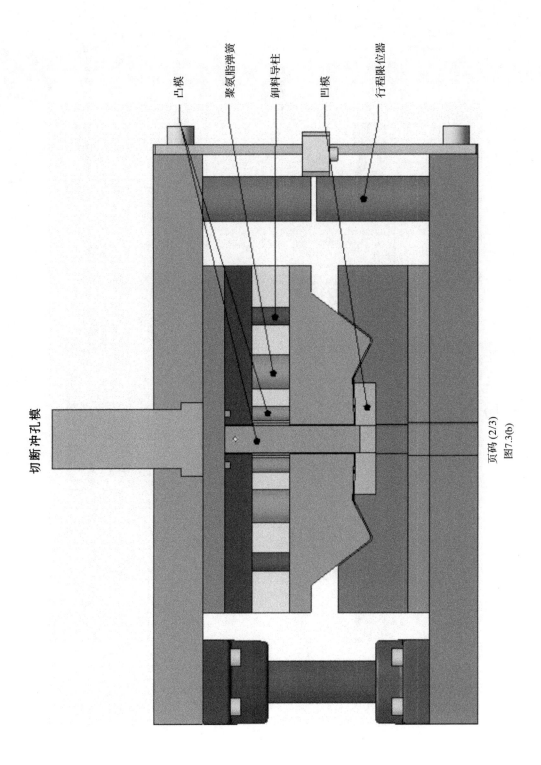

切断冲孔模

凸模

聚氨脂弹簧

卸料导柱

凹模

行程限位器

页码 (2/3)

图7.3(b)

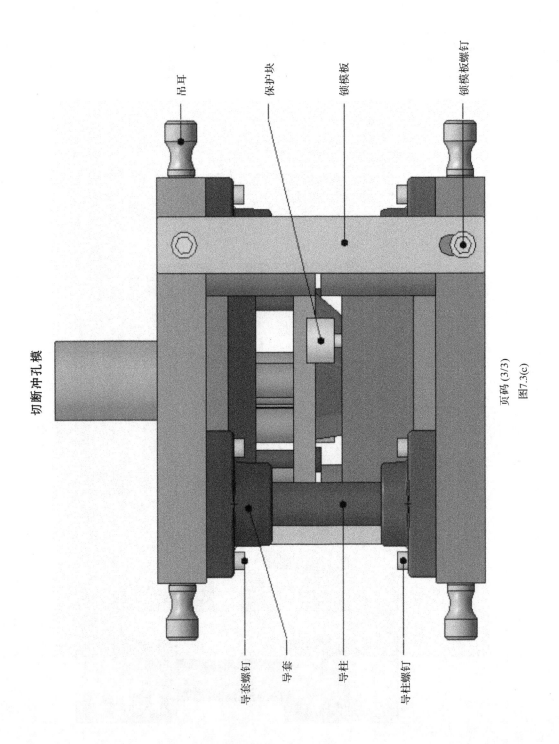

切断冲孔模

吊耳

保护块

锁模板

锁模板螺钉

导套螺钉

导套

导柱

导柱螺钉

页码 (3/3)

图7.3(c)

7.2.3 拆装要点

1）7.2.4 中的表为装配过程详解，拆卸为装配的逆过程。

2）在实际生产过程中模具的装配方法和顺序多种多样，以下所列的只是其中的一种常见的装配过程。

3）本副模具拆装过程中的注意事项：

① 装配之前要先对整副模具进行了解，看清总装图以及设计师所制定的各个要求。

② 一般的在装配有定位销定位的零件时要先安装好定位销之后再拧螺钉进行紧固。

③ 在用铜棒敲打装配件时要注意装配件受力的平稳性，防止装配件在铜棒敲打时卡死。

7.2.4 拆装流程详解

序　号	零部件名称	实物图片	装配工具	备　注
1	卸料板		手工	取出卸料板准备装配
2	卸料导套		铜棒	将卸料导套敲入卸料板中
3	聚氨酯弹簧		手工	将聚氨酯弹簧放在卸料板上

序 号	零部件名称	实物图片	装配工具	备 注
4	凸模		手工	取出凸模准备装配
5	凸模定位销		铜棒	用铜棒将凸模定位销敲入凸模
6	凸模固定板		手工	将凸模装入凸模固定板上
7	凸模		铜棒	用铜棒将凸模敲入凸模固定板
8	垫板定位销钉塞		内六角扳手	将垫板定位销钉塞旋入凸模固定板

序　号	零部件名称	实物图片	装配工具	备　注
9	卸料导柱		铜棒	用铜棒将卸料导柱敲入凸模固定板
10	凸模固定板组件		手工	将步骤 4～9 生成的组件装入步骤 1～3 生成的组件
11	上模垫板		手工	将上模垫板放在凸模固定板上
12	卸料螺钉		内六角扳手、套筒	将卸料螺钉旋入上模垫板
13	防尘板		手工	将防尘板放在凸模固定板侧

序　号	零部件名称	实物图片	装配工具	备　注
14	上模座		吊环、通用手柄、钢丝绳、行车	取出上模座板准备装配
15	吊耳		手工	将吊耳放在上模座侧
16	吊耳螺钉		内六角扳手、套筒	将吊耳与上模座用吊耳螺钉紧固
17	模柄		手工	将模柄装入上模座
18	行程限位器（上）		手工	将行程限位器放在上模座上

序　号	零部件名称	实物图片	装配工具	备　注
19	行程限位器螺钉		内六角扳手、套筒	将行程限位器螺钉装入上模座
20	导套定位销		铜棒	将导套定位销敲入上模座
21	导套		铜棒	用铜棒将导套敲入销钉中
22	导套定位销钉塞		内六角扳手	将导套定位销钉塞旋入导套
23	导套螺钉		内六角扳手、套筒	用套筒扳手将导套螺钉旋入导套

序　号	零部件名称	实物图片	装配工具	备　注
24	上模座组件		吊环、通用手柄、钢丝绳、行车	将步骤 14～23 生成的组件装入步骤 10～13 生成的组件
25	垫板定位销		铜棒	将垫板定位销装入步骤 24 所生成的组件
26	上模座螺钉		内六角扳手、套筒	将上模座用螺钉进行紧固
27	下模座		吊环、通用手柄、钢丝绳、行车	取出下模座准备装配
28	行程限位器（下）		手工	将行程限位器放在下模座上

序　号	零部件名称	实物图片	装配工具	备　注
29	行程限位器螺钉		内六角扳手、套筒	将行程限位器用螺钉进行紧固
30	吊耳		手工	将吊耳放在下模座侧
31	吊耳螺钉		内六角扳手、套筒	将吊耳与下模座用吊耳螺钉紧固
32	导柱定位销		铜棒	用铜棒将导柱定位销敲入下模座
33	导柱		铜棒	用铜棒将导柱敲入销钉中

序　号	零部件名称	实物图片	装配工具	备　注
34	导柱螺钉		内六角扳手、套筒	将导柱与下模座用导柱螺钉紧固
35	垫板		手工	将垫板放在下模座上
36	凹模固定板		吊环、通用手柄、钢丝绳、行车	将凹模固定板放在垫板上
37	凹模		铜棒	将凹模装入凹模固定板
38	凹模定位销		铜棒	用铜棒将定位销敲入凹模固定板

序　号	零部件名称	实物图片	装配工具	备　注
39	凹模螺钉		内六角扳手、套筒	用套筒扳手将螺钉旋入凹模固定板
40	上模座组件		钢丝绳、行车、铜棒	将步骤10～26生成的组件装入步骤28～39生成的组件
41	锁模板		手工	将锁模板装在上、下模座的侧面
42	锁模板螺钉		内六角扳手、套筒	将锁模板用螺钉紧固在上、下模板上

序　号	零部件名称	实物图片	装配工具	备　注
43	保护块		手工	
44	整副模具			装配完成的切断冲孔模

7.3　冲孔模

7.3.1　概述

经过上两节的学习,对冲孔模的结构、拆装过程以及测绘有了进一步的了解,通过这一节的再次探讨,使其掌握它。

学习目的:掌握冲孔模的结构、拆装过程及测绘。

7.3.2　结构示意图

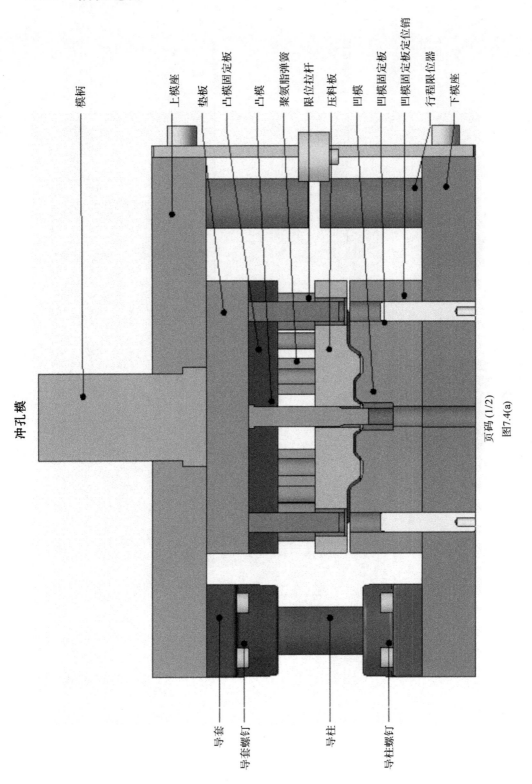

冲孔模

模柄

上模座
垫板
凸模固定板
凸模
聚氨脂弹簧
限位拉杆
压料板
凹模
凹模固定板
凹模固定板定位销
行程限位器
下模座

导套
导套螺钉
导柱
导柱螺钉

页码 (1/2)
图7.4(a)

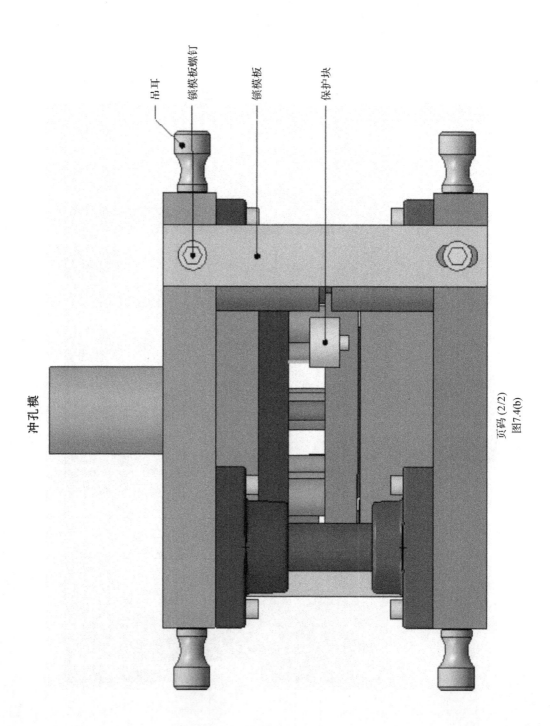

吊耳

锁模板螺钉

锁模板

保护块

冲孔模

页码 (2/2)

图7.4(b)

7.3.3 拆装要点

1）7.3.4 中的表为装配过程详解，拆卸为装配的逆过程。

2）在实际生产过程中模具的装配方法和顺序多种多样，以下所列的只是其中的一种常见的装配过程。

3）本副模具拆装过程中的注意事项：

① 装配之前要先对整副模具进行了解，看清总装图以及设计师所制定的各个要求。

② 一般的在装配有定位销定位的零件时要先安装好定位销之后再拧螺钉进行紧固。

③ 在用铜棒敲打装配件时要注意装配件受力的平稳性，防止装配件在铜棒敲打时卡死。

7.3.4 拆装流程详解

序　号	零部件名称	实物图片	装配工具	备　注
1	上模座		吊环、通用手柄、钢丝绳、行车	取出上模座准备装配
2	吊耳（上）		手工	将吊耳放在上模座侧
3	吊耳螺钉		内六角扳手、套筒	将吊耳与上模座用螺钉紧固

序　号	零部件名称	实物图片	装配工具	备　注
4	模柄		手工	将模柄装入上模座
5	凸模固定板		手工	取出凸模固定板准备装配
6	凸模		铜棒	用铜棒将凸模敲入凸模固定板中
7	垫板		手工	将垫板装在凸模固定板上
8	凸模固定板螺钉		内六角扳手、套筒	将螺钉插入垫板

序　号	零部件名称	实物图片	装配工具	备　注
9	垫板组件		手工	将步骤 5～8 生成的组件装入步骤 1－4 生成的组件
10	垫板定位销		铜棒	用铜棒将定位销敲入上模座
11	上模座螺钉		内六角扳手、套筒	将螺钉旋入上模座
12	垫板定位销钉塞		内六角扳手	将钉塞旋入凸模固定板
13	聚氨酯弹簧		手工	将聚氨酯弹簧装在凸模固定板上

序　号	零部件名称	实物图片	装配工具	备　注
14	压料板		手工	取出压料板准备装配
15	限位拉杆		手工	将限位拉杆装入压料板
16	压料板组件		手工	将步骤14～15生成的组件装入步骤9～13生成的组件
17	行程限位器		手工	将行程限位器装在上模板上
18	行程限位器螺钉		内六角扳手、套筒	用套筒扳手将行程限位器螺钉旋入上模座

序　号	零部件名称	实物图片	装配工具	备　注
19	导套		手工	将导套装在上模板上
20	导套定位销		铜棒	用铜棒将定位销敲入导套
21	导套定位销钉塞		内六角扳手	将钉塞旋入导套
22	导套螺钉		内六角扳手、套筒	用螺钉将导套紧固在上模座上
23	下模座		吊环、通用手柄、钢丝绳、行车	取出下模座准备装配

序 号	零部件名称	实物图片	装配工具	备 注
24	吊耳(下)		手工	将吊耳放在下模座侧
25	吊耳螺钉		内六角扳手、套筒	将吊耳与下模座用螺钉紧固
26	凹模固定板		手工	取出凹模固定板准备装配
27	凹模		铜棒	用铜棒将凹模装入凹模固定板
28	凹模固定板组件		手工	将步骤 26～27 生成的组件装入步骤 23～25 生成的组件

序 号	零部件名称	实物图片	装配工具	备 注
29	凹模定位销		铜棒	用铜棒将定位销敲入下模座
30	凹模螺钉		内六角扳手、套筒	将凹模螺钉旋入下模座
31	行程限位器		手工	将行程限位器装在下模座上
32	行程限位器螺钉		内六角扳手、套筒	将行程限位器用螺钉紧固在下模座上
33	导柱		手工	将导柱放在下模座上

序　号	零部件名称	实物图片	装配工具	备　注
34	导柱定位销		铜棒	用铜棒将定位销敲入导柱
35	导柱螺钉		内六角扳手、套筒	将导柱用螺钉紧固在下模座
36	上模座组件		钢丝绳、行车、铜棒	将步骤 1～22 生成的组件装入步骤 28～35 生成的组件
37	锁模板		手工	将锁模板装在上、下模座的侧面
38	锁模板螺钉		内六角扳手、套筒	将锁模板用螺钉紧固在上、下模板上

序　号	零部件名称	实物图片	装配工具	备　注
39	保护块		手工	
40	整副模具			装配完成的冲孔模

7.4　成形模

7.4.1　概述

学习此副模具的拆装过程,主要是要了解成形模具的一些基本结构和原理,并且熟悉其装配的基本过程及测绘常识。

学习目的:了解成形模具的最基本结构、常规拆装过程和测绘知识。

7.4.2 结构示意图

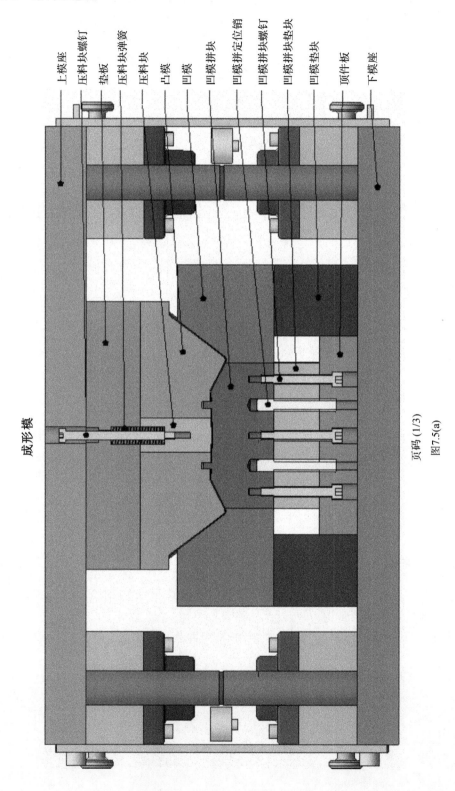

上模座
压料块螺钉
垫板
压料块弹簧
压料块
凸模
凹模
凹模拼块
凹模拼定位销
凹模拼块螺钉
凹模拼块垫块
凹模垫块
顶件板
下模座

成形模

页码 (1/3)
图7.5(a)

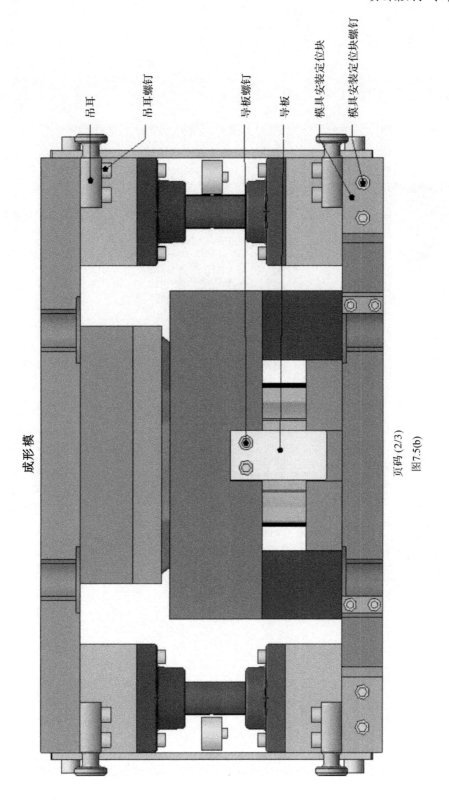

成形模

吊耳

吊耳螺钉

导板螺钉

导板

模具安装定位块

模具安装定位块螺钉

页码 (2/3)

图7.5(b)

成形模

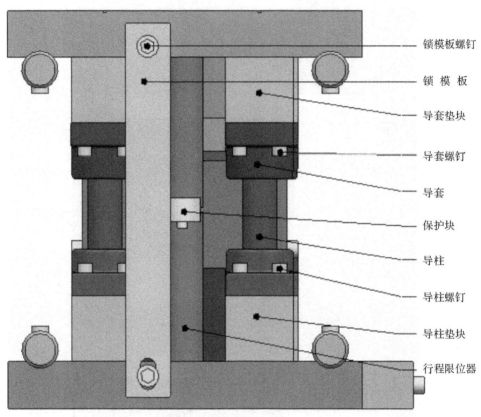

锁模板螺钉

锁 模 板

导套垫块

导套螺钉

导套

保护块

导柱

导柱螺钉

导柱垫块

行程限位器

页码 (3/3)

图7.5(c)

7.4.3 拆装要点

1) 7.4.4 中的表为装配过程详解,拆卸为装配的逆过程。

2) 在实际生产过程中模具的装配方法和顺序多种多样,以下所列的只是其中的一种常见的装配过程。

3) 本副模具拆装过程中的注意事项：

① 装配之前要先对整副模具进行了解,看清总装图以及设计师所制定的各个要求。

② 一般的在装配有定位销定位的零件时要先安装好定位销之后再拧螺钉进行紧固。

③ 在用铜棒敲打装配件时要注意装配件受力的平稳性,防止装配件在铜棒敲打时卡死。

7.4.4 拆装流程详解

序 号	零部件名称	实物图片	装配工具	备 注
1	上模座		吊环、通用手柄、钢丝绳、行车	取出上模座准备装配
2	吊耳		手工	将吊耳放在上模座上
3	吊耳螺钉		内六角扳手、套筒	将吊耳用螺钉紧固在上模座上

序　号	零部件名称	实物图片	装配工具	备　注
4	凸模		手工	取出凸模准备装配
5	压料块		铜棒	用铜棒将压料板敲入凸模
6	压料块弹簧		手工	将压料块弹簧装入压料块中
7	垫板		手工	将垫板放在凸模上
8	凸模定位销		铜棒	用铜棒将凸模定位销敲入垫板

序 号	零部件名称	实物图片	装配工具	备 注
9	凸模螺钉		内六角扳手、套筒	将垫板与凸模用螺钉紧固
10	压料块螺钉		内六角扳手、套筒	将压料块螺钉旋入垫板
11	垫板组件		吊环、通用手柄、钢丝绳、行车	将步骤 4—10 生成的步骤装入步骤 1—3 生成的组件
12	垫板定位销		铜棒	用铜棒将定位销敲入上模座
13	垫板螺钉		内六角扳手、套筒	将垫板组件与上模座用螺钉紧固

序　号	零部件名称	实物图片	装配工具	备　注
14	行程限位器		手工	将行程限位器放在上模座上
15	行程限位器螺钉		内六角扳手、套筒	将行程限位器用螺钉紧固在上模座上
16	导套垫块		手工	将导套垫块放到上模座的指定位置
17	导套垫块定位销		铜棒	将定位销敲入上模座
18	导套垫块螺钉		内六角扳手、套筒	将导套垫块与上模座用螺钉紧固

序　号	零部件名称	实物图片	装配工具	备　注
19	导套		手工	将导套放在导套垫块上
20	导套定位销		铜棒	用铜棒将定位销敲入导套
21	导套定位销钉塞		内六角扳手	将钉塞旋入导套中
22	导套螺钉		内六角扳手、套筒	将导套与导套垫块用螺钉紧固
23	下模座		吊环、通用手柄、钢丝绳、行车	取出下模座准备装配

序　号	零部件名称	实物图片	装配工具	备　注
24	吊耳		手工	将吊耳放在下模座上
25	吊耳螺钉		内六角扳手、套筒	将吊耳与下模座用螺钉紧固
26	模具安装定位块(1)		手工	将模具安装定位块放在下模座侧面
27	模具安装定位块螺钉		内六角扳手、套筒	将模具安装定位块与下模座用螺钉紧固
28	模具安装定位块(2)		手工	将模具安装定位块放在下模座侧面

序　号	零部件名称	实物图片	装配工具	备　注
29	模具安装定位块螺钉		内六角扳手、套筒	将模具安装定位块与下模座用螺钉紧固
30	顶件板		手工	将顶件板取出准备装配
31	凹模拼块垫块		手工	将凹模拼块垫块放在顶件板上
32	凹模拼块		手工	将凹模拼块放在凹模拼块垫块上
33	凹模拼块定位销		铜棒	用铜棒将定位销敲入顶件板

序 号	零部件名称	实物图片	装配工具	备 注
34	凹模拼块螺钉		内六角扳手、套筒	将顶件块、凹模拼块垫块与凹模拼块用螺钉紧固
35	顶件板组件		手工	将步骤 30－34 生成的组件装入步骤 23－29 生成的组件
36	凹模垫块		手工	将凹模垫块放在下模座上
37	凹模垫板定位销		铜棒	用铜棒将定位销敲入下模座
38	凹模垫板螺钉		内六角扳手、套筒	将凹模垫板与下模座用螺钉紧固

序　号	零部件名称	实物图片	装配工具	备　注
39	凹模		手工	将凹模装在凹模垫板上与凹模垫块相配
40	凹模定位销		铜棒	用铜棒将定位销敲入凹模
41	凹模螺钉		内六角扳手、套筒	将凹模与凹模垫板用螺钉紧固
42	导板		手工	将导板装入凹模与顶件板的凹槽中
43	导板螺钉		内六角扳手、套筒	将导板用螺钉紧固在凹模上

序　号	零部件名称	实物图片	装配工具	备　注
44	行程限位器		手工	将行程限位器放在下模座上
45	行程限位器螺钉		内六角扳手、套筒	将行程限位器用螺钉紧固在下模座上
46	导柱垫块		手工	将导柱垫块放在下模座上
47	导柱垫块定位销		铜棒	用铜棒将定位销敲入下模座
48	导柱垫块螺钉		内六角扳手、套筒	将导柱垫块与下模座用螺钉紧固

序 号	零部件名称	实物图片	装配工具	备 注
49	导柱		手工	将导柱放在导柱垫块上
50	导柱定位销		铜棒	用铜棒将定位销敲入导柱
51	导柱螺钉		内六角扳手、套筒	将导柱与导柱垫块用螺钉紧固
52	上模座组件		钢丝绳、行车、铜棒	将步骤 11－22 生成的组件装入步骤 35－51 生成的组件
53	锁模板		手工	将锁模板装在上、下模座的侧面

序　号	零部件名称	实物图片	装配工具	备　注
54	锁模板螺钉		内六角扳手、套筒	将锁模板用螺钉紧固在上、下模板上
55	保护块		手工	
56	整副模具			装配完成的成形模

7.5　折弯成形模

7.5.1　概述

经过上一节对成形模的了解,本节探讨折弯成形模的基本结构、拆装过程及测绘要点,使对成形模相关学习内容进一步的了解。

学习目的:掌握折弯成形模的基本结构、常规拆装过程和测绘知识。

7.5.2 结构示意图

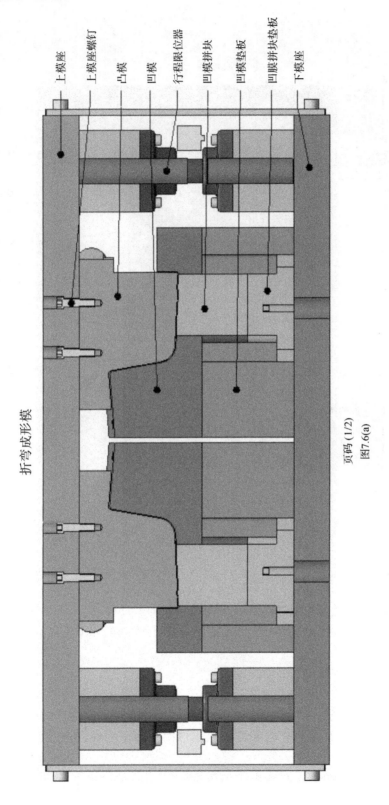

上模座
上模座螺钉
凸模
凹模
行程限位器
凹模拼块
凹模垫板
凹膜拼块垫板
下模座

折弯成形模

页码 (1/2)
图7.6(a)

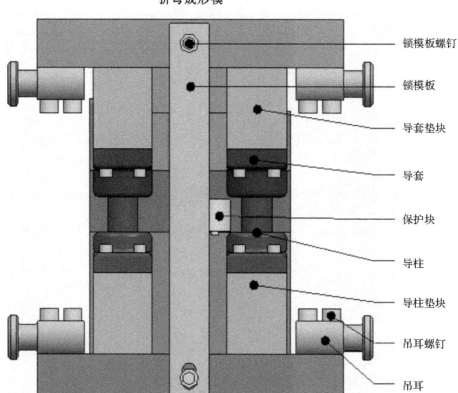

折弯成形模

锁模板螺钉

锁模板

导套垫块

导套

保护块

导柱

导柱垫块

吊耳螺钉

吊耳

页码 (2/2)

图 7.6(b)

7.5.3　拆装要点

1) 7.5.4 中的表为装配过程详解,拆卸为装配的逆过程。

2) 在实际生产过程中模具的装配方法和顺序多种多样,以下所列的只是其中的一种常见的装配过程。

3) 本副模具拆装过程中的注意事项:

① 装配之前要先对整副模具进行了解,看清总装图以及设计师所制定的各个要求。

② 一般的在装配有定位销定位的零件时要先安装好定位销之后再拧螺钉进行紧固。

③ 在用铜棒敲打装配件时要注意装配件受力的平稳性,防止装配件在铜棒敲打时卡死。

7.5.4　拆装流程详解

序　号	零部件名称	实物图片	装配工具	备　注
1	下模座		吊环、通用手柄、钢丝绳、行车	取出下模座准备装配
2	吊耳		手工	将吊耳放在下模板上
3	吊耳螺钉		内六角扳手、套筒	将吊耳与下模板用螺钉紧固
4	凹模拼块垫板		手工	取出凹模拼块垫板准备装配
5	凹模拼块		手工	将凹模拼块放在凹模拼块垫上

序 号	零部件名称	实物图片	装配工具	备 注
6	凹模拼块销钉		铜棒	用铜棒将销钉敲入凹模拼块垫板中
7	凹模拼块螺钉		内六角扳手、套筒	将凹模拼块垫板 A 与凹模拼块垫板 B 用螺钉紧固
8	凹模拼块组件		手工	将步骤 4～7 生成的组件装入步骤 1～3 生成的组件
9	凹模垫板		吊环、通用手柄、钢丝绳、行车	将凹模垫板放在下模座上
10	下模座销钉		铜棒	用铜棒将销钉敲入下模座

序　号	零部件名称	实物图片	装配工具	备　　注
11	下模座螺钉		内六角扳手、套筒	将凹模垫板与下模座用螺钉紧固
12	凹模		吊环、通用手柄、钢丝绳、行车	将凹模放在凹模垫板上
13	凹模销钉		铜棒	用铜棒将销钉敲入凹模
14	凹模螺钉		内六角扳手、套筒	将凹模与凹模垫板用螺钉紧固
15	垫块		手工	将垫块放在下模座上

序　号	零部件名称	实物图片	装配工具	备　注
16	垫块销钉		铜棒	用铜棒将销钉敲入下模座
17	垫块螺钉		内六角扳手、套筒	将垫块与下模座用螺钉紧固
18	行程限位器（下）		手工	将行程限位器放在下模板上
19	下模座螺钉		内六角扳手、套筒	将行程限位器与下模板用螺钉紧固
20	导柱		手工	将导柱放在垫块上

序 号	零部件名称	实物图片	装配工具	备 注
21	导柱销钉		铜棒	用铜棒将定位销敲入导柱
22	导柱螺钉		内六角扳手、套筒	将导柱与垫块用螺钉紧固
23	上模座		吊环、通用手柄、钢丝绳、行车	取出上模座准备装配
24	吊耳		手工	将吊耳放在上模座上
25	吊耳螺钉		内六角扳手、套筒	将吊耳与上模座用螺钉紧固

序　号	零部件名称	实物图片	装配工具	备　注
26	凸模		吊环、通用手柄、钢丝绳、行车	将凸模放在上模座上
27	上模座销钉		铜棒	用铜棒将销钉敲入上模座
28	上模座螺钉		内六角扳手、套筒	将凸模与上模座用螺钉紧固
29	带孔垫块		手工	将带孔垫块放在上模座上
30	垫块销钉		铜棒	用铜棒将销钉敲入上模座

序　号	零部件名称	实物图片	装配工具	备　注
31	垫块螺钉		内六角扳手、套筒	将带孔垫块与上模座用螺钉紧固
32	导套		手工	将导套放在带孔垫块上
33	导套销钉		铜棒	用铜棒将销钉敲入导套
34	导套螺钉		内六角扳手、套筒	将导套与带孔垫块用螺钉紧固
35	行程限位器		手工	将行程限位器放在上模座上

序　号	零部件名称	实物图片	装配工具	备　注
36	上模座螺钉		内六角扳手、套筒	将行程限位器与上模座用螺钉紧固
37	上模座组件		钢丝绳、行车、铜棒	将步骤 23～36 生成的组件装入步骤 8～22 生成的组件
38	锁模板		手工	将锁模板装在上、下模座的侧面
39	锁模板螺钉		内六角扳手、套筒	将锁模板用螺钉紧固在上、下模板上
40	保护块		手工	

序　号	零部件名称	实物图片	装配工具	备　注
41	整副模具			装配完成的折弯成形模

第8章 成型试验基础知识

8.1 成型相关基础知识

作为一名合格的设计师,尤其是操作人员,必须掌握产品的成型流程以及成型工艺。要明白的是,生产某个产品时,有哪些成型工艺条件在起影响,这些成型工艺因素是如何影响产品的外观和尺寸精度的。掌握了这些后,对后面的操作和设计会起到一个很好的引导作用。

8.1.1 机型选择

1. 注塑机

注塑机型号的选择见表8-1所列。

表 8-1

技术参数		选用要求
额定注射量		塑件和浇注系统的总量要小于额定注射量的80%。
额定注射压力		注射压力小于额定注射压力的80%。
额定锁模力		胀型力小于额定锁模力的80%。 胀型力=制品投影面积 A^* 型腔压力 P (型腔压力 P 通常取 20～40MPa。流动性好的塑料取 20MPa 左右,流动性中等的塑料取 30MPa 左右,流动性差的塑料取 40MPa 左右。)
开模行程		模具的开模行程小于注塑机的额定开模行程。
模具安装尺寸	定位圈	 定位圈 ϕD 应与注塑机定模板的定位孔配合间隙在 0.3～0.5mm 之间

续表

模具安装尺寸	浇口套	 浇口套 SR1＝SR2＋1～2mm $\phi D＝\phi d＋0.5～1mm$
	闭合高度	模具的闭合高度应介于注塑机提供的最大模厚和最小模厚两者之间
	模具外形尺寸	模具外形的长度尺寸不能同时大于它们对应的拉杆间距

2. 冲床

冲床型号的选择见表 8-2 所列。

表 8-2

考虑方面	技术参数	备注
类型选择	开式曲柄压力机	一般用于生产批量较大的中小制件
	拉伸油压机	用于生产如洗衣桶类的深拉伸件
	闭式双动压力机	用于选择工作面较宽大的(如生产汽车覆盖件)
规格选择	公称压力	压力机的公称压力应大于冲压所需的总冲压力
	滑块行程	滑块从上死点到下死点所经过的距离
	闭合高度	冲模的闭合高度应介于压力机的最大闭合高度和最小闭合高度之间
	工作台尺寸	压力机的工作台尺寸必须大于模具下模座的外形尺寸,并留有固定安装的余地模
	柄孔尺寸	模柄孔的直径尺寸应与安装模具柄部的直径相匹配

8.1.2 成型前的准备

1. 注塑前的准备

(1)清理生产设备四周环境,不允许存放任何与生产无关的物品。

(2)生产设备要进行一次清洁卫生工作,各部位不应有油垢及污物。注塑机的合模部位拉杆和注塑座滑动导轨一定要清洁如新,然后涂一层润滑油,同时要清扫干净控制箱上的通风过滤网,以保证控制箱通风散热。

(3)生产使用工具清洁卫生,摆放整齐。

(4)检查各部位的安全保护装置是否完好。检查试验紧急停车时,各种安全防护报警装置是否能准确正常工作。安全门应左右滑动灵活,开与关的停留位置应与限位开关正确接触等。

(5)检查各部位螺钉、螺母是否有松动,应确保各连接零件间的牢固结合。

(6)检查各控制开关、按钮及手柄等有无损坏、操作应灵活,各开关应在"断开"位置。

(7)检查各电路连线和接地线有无松动现象。

(8)检查液压传动系统中邮箱内的油量,液面应在油标显示的高位处;检查液压油质量,应清理无杂质污物、无水分;清扫邮箱上液压油过滤网和邮箱通风过滤网。

(9)开动油泵电机,验证器旋转方向是否正确,油路管线是否通畅,油路中各仪表能否正确工作,有无噪声、异味及油路是否有渗漏油处等。

(10)各润滑部位补充加注润滑油(脂)。

(11)检查冷却水管路,查看水流是否通畅,水压应在 0.2～0.4MPa 之间。

(12)核实生产用料名称、牌号是否与工艺要求相符;螺杆结构和喷嘴结构形式是否符合原料的塑化和注射工艺条件要求。

(13)螺杆核实后安装,然后进行试运转,检查电流是否在额定值内,运转声是否有异常。

(14)检查生产用原料,检查原料含水量,如超过含湿要求,应先对原料进行干燥处理。

(15)检查料斗内是否清洁,不允许有任何异物,料斗上不允许放任何物品。

(16)清洗用于固定模具的模板工作面,根据要求安装固定成型制品用的模具。模具安装前要清洗干净,检查衬套口直径与模板定位孔孔直径尺寸相符后才能进行模具装配。

(17)预调锁模力,试验合模保险装置。

(18)检测喷嘴顶圆弧尺寸与模具进料口处的衬套口圆弧尺寸是否相符,试验两零件接触处是否严密吻合。

2. 冲压前的准备

(1)对模具的外导柱加润滑油进行保养。

(2)应对机台周围与生产无关的物品给以清除,并检查码模螺丝、垫脚是否松动。

(3)检查内螺丝是否有异常。

(4)必须彻底清理送料机各滚轴上的异物、灰尘。

(5)检查制造所用的坯料是否齐全、尺寸是否正确。

(6)整理、摆放好制造所需要的专用工具。

(7)重新核实工艺卡,查看冲模顺序是否正确。

8.1.3 成型(设计)工艺

合理的成型工艺可以保证产品的外观质量、尺寸精度等。在注塑方面,温度、压力和时间是主要的影响因素,它们之间满足 PVT(压力—温度—体积)关系,如图 8-1 所示。在冲压方面,需要做到合理的排样、计算冲压力(选择冲压机吨位)、合理的工位和工序,都是保证产品精度的因素。

(一)注塑

1. 注塑机结构

注塑机包括注射装置、合模装置、液压传动和电气控制系统,简单示意图如图 8-2 所示。

注塑机按注塑装置,可分为螺杆式注塑机和柱塞式注塑机。目前,广泛使用的是螺杆式

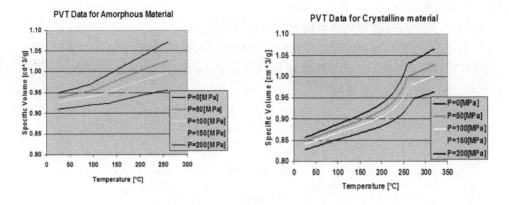

图 8-1

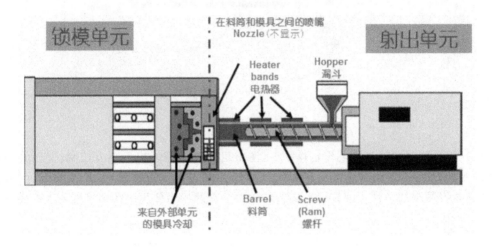

图 8-2

注塑机。了解料筒内的螺杆在不同位置的作用,对于注塑机操作员是很有必要的。其每个位置的含义如图 8-3 所示。

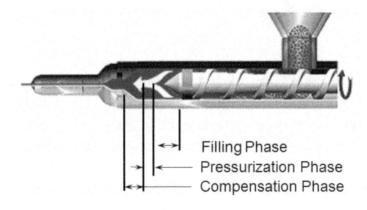

图 8-3

2. 注塑成型过程

(1)加料:把处理好的塑料原料倒入注塑机的料筒。

(2)塑化:通过螺杆高速旋转或柱塞的推压对塑料起辅助加热。

(3)充填:模具闭合后,注塑机的螺杆快速向前移动,把熔融的塑料挤入型腔内,如图 8-4 所示。一般采用速度控制。

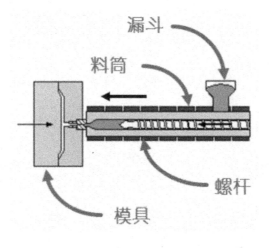

图 8-4

(4)保压:熔融塑料充填到设定体积后,注塑机的控制器切换到压力控制,保压开始,同时冷却开始,如图 8-5 所示。保压压力的作用是使熔料在压力下固化,并在收缩时进行补缩,从而获得健全的塑件。螺杆对熔融塑料施加一定的压力使更多的塑料进入型腔内,这也成为"补偿阶段"。

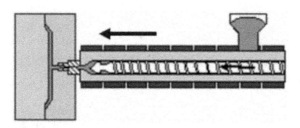

图 8-5

(5)冷却:通冷却介质进入模具的冷却系统,对产品进行快速冷却,以达到凝固、定形,适合顶出的要求。冷却过程中,有两个重要特征:浇口凝固关闭,保压完成,冷却继续,如图 8-6所示;同时螺杆快速后移,为下次注塑、塑化塑料做准备,如图 8-7 所示。

(6)开模:产品达到顶出要求后,模具打开,产品被顶出,完成循环,如图 8-8 所示。

3. 成型工艺参数

对于注塑模来讲,有三个重要的工艺参数,即时间、温度和压力。三者决定了在较短的周期内能否生产出合格或高质量的产品。它们两两之间有着密切的函数关系,因此关系相当复杂,下面就这些概念或定性的判断来做下简单介绍。

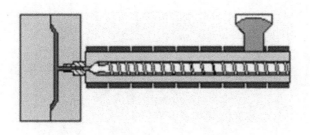

图 8-6

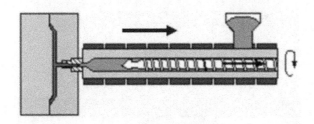

图 8-7

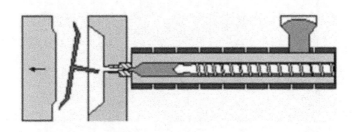

图 8-8

（1）温度

在注射成型过程中需要控制的温度有料筒温度、喷嘴温度和模具温度等三种温度。其中料筒温度、喷嘴温度主要影响塑料的塑化和流动，模具温度则影响塑料的流动和冷却定型。

①料筒温度。料筒温度的选择与塑料的品种、特性有关，要大于塑料的流动温度（熔点），小于塑料的分解温度。料筒温度过高时，塑料易产生分解，产生气体，以致塑料表面变色，产生气泡、银丝（如图 8-9 所示）及斑纹；模腔中塑料内外冷却不一致，易产生内应力和凹痕；流动性好，易溢料、溢边等。料筒温度过低时，流动性差，易产生熔接痕、成型不足、波纹等缺陷；塑化不均，易产生冷块或僵块等；塑料冷却时，易产生内应力，塑料易变形或开裂等。

② 喷嘴温度。喷嘴温度一般略低于料筒的最高温度。喷嘴温度过高，塑料易发生分解反应。喷嘴温度太低，喷嘴易堵塞，易产生冷块或僵块。

③模具温度。模具温度对熔体的充模流动能力、塑件的冷却速度和成型后的塑料性能等有直接的影响。模具温度过高，冷却慢，易产生粘膜，脱模时塑件易变形等。模温低时，降低熔料的流动性，易产生成型不足和熔接痕（如图 8-10 所示），熔料冷却时，内外层冷却不一致，易产生内应力等。

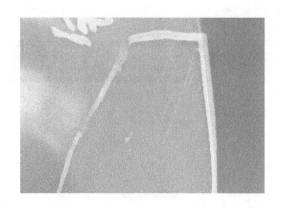

图 8-9

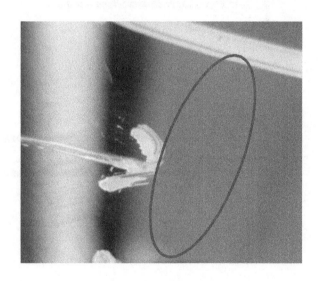

图 8-10

（2）压力

①锁模力。当塑料熔体注入型腔后，就会产生一个型腔压力，迫使动定模产生一个打开的趋势，为了确保动定模不被打开，因此需要一个外力来保持闭合，这就是锁模力。锁模力必须足够，否则产生溢料、溢边（如图 8-11 所示）等。

②塑化压力。塑化压力又称螺杆背压，是指采用螺杆式注射机注射时，螺杆头部熔料在螺杆转动时所受到的压力。这种压力的大小可以通过液压系统中的溢流阀调整。塑化压力增加会提高熔体的温度，并使熔体的温度均匀、色料混合均匀并排除熔体中的气体，但增加塑化压力则会降低塑化速率，延长成型周期，甚至可能导致塑料的降解。

③注射压力。注射压力是指柱塞或螺杆轴向移动时其头部对塑料熔体所施加的压力。在注射机上常用压力表指示出注射压力的大小，一般在 40～130MPa 之间。注射压力太高时，塑料在高压下，强迫冷凝，易产生内应力，有利于提高塑料的流动性，易产生溢料、溢边，对模腔的残余压力大，塑料易粘膜，脱模困难，塑件变形，但不产生气泡等；注射压力过低时，

图 8-11

塑料的流动性下降，成型不足，产生熔接痕，不利于气体从熔料中溢出，易产生气泡（如图 8-12所示），冷却中补缩差，产生凹痕（如图 8-13 所示）和波纹等。

图 8-12   图 8-13

④保压压力。型腔充满后，继续对模内熔料施加的压力称为保压压力。保压压力的作用是使熔料在压力下固化，并在收缩时进行补缩，从而获得健全的塑件。保压压力太高，易产生溢料、溢边，增加内应力等。保压压力太低，成型不足等。

（3）时间（成型周期）

完成一次注射成型过程所需的时间称为成型周期。它包括合模时间、注射时间、保压时间、模内冷却时间和其他时间等，如图 8-14 所示。从图 8-14 中可以看出，冷却时间和保压时间占成型周期的比重相当高，因此，为了缩短成型周期，就需要优化冷却系统和成型工艺。

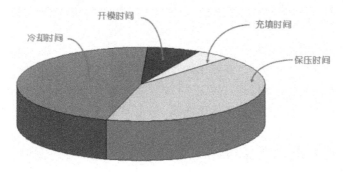

图 8-14

图 8-15 表达的是一个典型的成型周期的时间分配。

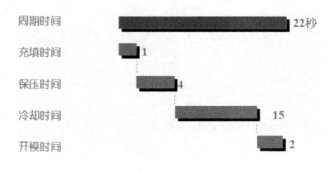

图 8-15

①合模时间　合模时间是指注射之前模具闭合的时间。合模时间太长,则模具温度过低,熔料在料筒中停留的时间过长。合模时间过短,模具温度相对较高。

②注射时间　注射时间是指注射开始到充满模具型腔(柱塞或螺杆前进时间)。注射时间缩短,充模速度提高,取向下降。剪切速率增加,绝大多数塑料的表现粘度均下降,对剪切速率敏感的塑料尤其这样。剪切速率过大易发生熔体破裂现象。

③保压时间　保压时间是指型腔充满后继续施加压力的时间(柱塞或螺杆停留在前进位置的时间)。保压压力过高,易产生溢料、溢边,增加内应力等。保压压力过小,成型不足等。

④其他时间　其他时间是指开模、脱模、喷涂脱模剂、安放嵌件等时间。

(二)冲压

冲压模根据工艺性质分为冲裁模、弯曲模、拉深模和成形模等。不同的模具所对应的成型工艺也有所不同。下面以典型的冲裁模、弯曲模和拉深模为例,讲解下各自的成型工艺要点。

1. 冲裁模

冲裁工艺设计包括工艺设计和模具设计两方面内容。冲裁工艺设计是针对给定的产品图纸,根据其生产批量的大小、冲压设备的类型规格、模具制造能力以及工人技术水平等具体生产条件,从对产品图的冲压工艺性分析入手,经过必要的工艺计算,制定出合理的工艺方案,最后编写出冲裁工艺卡的全过程。冲裁工艺方案的确定,其中包括工序性质、数量的确定、工序顺序的安排、工序组合方式及工序定位方式的确定等内容。

冲裁工艺设计的基本要求如下:

(1)材料利用率要高。

(2)考虑工厂的具体生产条件,制定出的工艺方案要技术上先进可行,经济上合理。

(3)工序组合方式和工序编排顺序要符合冲压变形规律,能保证冲制出合格的制品。

(4)工序数量尽可能少,生产效率尽可能高;但也不能光追求工序少、效率高,而忽视生产成本。

(5)制定的工艺规程要便于生产的组织和管理,最佳的生产流程,同时便于物业管理。

模具设计的基本要求如下:

(1)模具应保证冲裁出的零件符合图纸的形状、尺寸及精度要求,以及与相关零件的装配关系和装配要求,把握需要保证的关键尺寸。

(2)模具结构选择时注意工序的先后顺序,确定方案和结构,应尽可能简单,制造维修方便,成本低。

(3)模具使用寿命长,能满足冲压工艺规程规定生产批量的要求。

(4)模具操作方便、安全可靠,工人劳动强度和工人水平技术相适应。

冲裁工艺设计的一般程序(参考)如下:

(1)分析冲裁件的技术要求,查阅冲裁工艺设计必须的原始资料。

(2)分析零件的冲裁工艺与相关零件的装配关系与装配要求,在此过程中设计人员必须全方位了解工厂各车间的设备情况,人员技术等级,模具加工设备等诸方面因素。

(3)进行必要的工艺计算、分析、比,在多个工艺方案中筛选出一个合理的方案。

(4)确定模具结构形式。

(5)选择冲压设备。

(6)编写冲压工艺过程卡片

(7)绘制模具装配图,并拆绘零件图。

(8)校核模具图纸。

(9)编制冲模关键零件的加工工艺及相关说明,尤其是需要特种加工的关键零件,甚至个别还有特殊夹具要求或加工程序。

2. 弯曲模

具有良好工艺性的弯曲件不仅能得到良好的质量,而且能简化弯曲的工艺过程和模具提高弯曲件的精度和降低生产成本。弯曲件结构工艺性要求:

(1)弯曲件的形状应对称,弯曲半径左右应一致,见所示。否则,由于摩擦力不均匀,板料在弯曲过程中会产生滑动,见图 8-16 所示。

(2)弯曲件的圆角半径应大于板料许可的最小弯曲半径。弯曲半径过小,容易被弯裂。当必须弯曲成很小的圆角时可增加工序,或中间辅以退火工序。

(3)弯曲件的直边高度不宜过小,其值应为 $h>2t$(如图 8-17 所示)。当 h 较小时,弯边在模具上支持的长度过小,不容易形成足够的弯矩,很难得到足够的形状。

(4)在弯曲带孔工件时,如果孔的位置处于弯曲变形区,则孔要发生变形,为避免这种情况,必须使孔避开变形区。

3. 拉深模

为了提高拉深时的变形程度,提高劳动生产率和产品质量,降低成本,拉深件应具备以下工艺要求:

(1)拉深件的形状应尽量简单对称　旋转体零件在圆周方向上的变形是均匀的,模具加工也较容易,所以其工艺性最好。

(2)拉深件凸缘的外轮廓最好与拉深部分的轮廓形状相似　如果凸缘的宽度不一致,如图 8-18 所示,拉深比较困难,就需要添加工序,而且还需放宽修边余量,增加材料损耗。

(3)拉深件的圆角半径要合适　如所示,一般取 $r_1 \geqslant (2 \sim 3)t$,$r_2 \geqslant (3 \sim 4)t$。

(4)拉深件底部孔的大小要合适　在拉深件底部冲孔时,其孔边到侧壁的距离应不小于该处圆角半径加上板料厚度的一半,如所示,$a \geqslant r_1 + 0.5t$。

(5)拉深件的精度要求不宜过高　拉深件的精度包括拉深件内形或外形的直径尺寸公

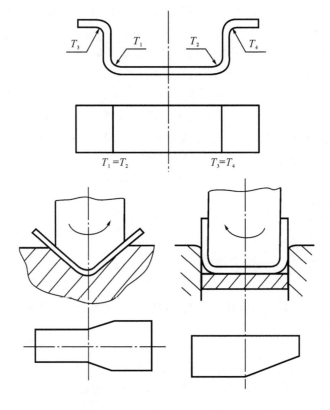

图 8-16

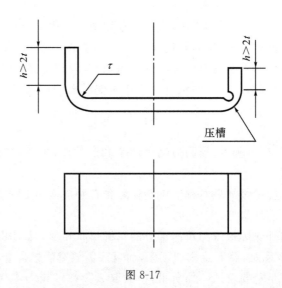

图 8-17

差、高度尺寸公差等，一般合适的精度在 GB6（IT11）级以下，其精度等级见所列。

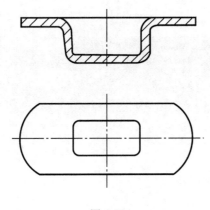

图 8-18

材料厚度 /mm	基本尺寸/mm											
	≤3	3~6	6~10	10~18	18~30	30~50	50~80	80~120	120~180	180~260	260~360	360~500
	精度等级（GB）											
≤1	IT12~IT13											
>1~2	IT14											
>2~3	IT15											
>3~5	IT15											

(6)拉深件的尺寸标注应合适　拉深件直径尺寸应明显注明必须保证外部尺寸或是必须保证内部尺寸,不能同时标注内外径尺寸,其高度尺寸最好以底部为基准,容易保证。

8.2　典型注塑机

本机(如图 8-19 所示)为申达 E160 卧式注塑机,使用国际顶级品牌的高性能同步伺服电机驱动定量泵,组成闭环的压力、速度伺服动力控制系统。

- 高精:制品重复精度可达 3‰。
- 节能:实测达到注塑机最高节能等级 1 级的水平。
- 高效:响应敏捷,0.05 秒即可从 0 到最大输出量,有效缩短循环周期,提高生产效率。
- 低噪:能提供一个相对安静的工作环境。

应用领域:用于日常生活、家电、汽车、物流、医疗卫生、工程、电子、管道、建筑、包装等各领域的各类精密或高精密热塑性塑料制品的生产。

8.2.1　注意事项

开车前的准备

机器安放就位,清净涂刷的防锈油及各运动表面后,在开车前必须检查下列各项,如有发现不合要求时,切不可开机。

1. 检查所用电源电压是否与机器设备相符,地线是否接驳正确,可靠。

图 8-19

2．检查操纵板上各按钮、开关及阀上的调节手轮是否完好，并将各开关处于"断路"的位置。

3．检查和安全门联动的电器安全行程开关和机械安全闸块的动作是否灵敏。应保证前安全门拉开的整个过程中，在前安全行程开关压住时，合模不能进行。

4．各电热圈是否有松动现象，热电偶与料筒的接触是否良好。

5．各冷却系统不应有漏水现象。

6．清洗油箱干净，因为任何小的杂质都可能使您的机器停止工作或损坏液压元件。加满液压工作油，液压油的粘度在 32～68 厘泡范围内（40℃），推荐优先采用 32～68♯抗磨液压油，其次为普通液压油，不可使用机械油。

7．按润滑示意图加注润滑油，并检查各运动润滑点接头及连接处是否渗油。

润滑泵内应加满干净的 00♯（或 000♯）润滑脂，不得使用废油或含有杂质的油。否则会损坏连杆及连杆销。

对使用稀油润滑的系统（特殊订货），应在润滑泵内应加满干净的 68♯润滑油。

8．各压注黄油嘴中应压注 0 号高级多用途润滑脂，或同类相当油脂。

9．料斗和加料口内不应有杂物。

10．检查电机和油泵能否转动自如。

11．操作时自始至终要遵守安全规定，请永远注意互相提醒安全第一。

8.2.2 操作方法

（一）试空车

1．检查各螺钉、管夹螺丝、管接头应拧紧，确认油箱的油位符合要求，集中润滑装置中有润滑油，电工查明各电磁阀及开关接线是否正确。

2．如料筒内有料，应先进行加温，使物料熔融。

3．接通电源，启动电机确认旋转方向正确。

4．电机开启后，在调整压力前，油泵应空转 5～10 分钟，使泵有一定润滑，完毕后方可调整压力。油泵开始工作后可根据需要打开冷却水阀。（系统安全阀在出厂前已调好，如无需要请勿再调；系统安全阀最高调定压力不得超过 16MPa）。

5. 压力调整

a. 检查比例阀电流变化范围是否如下：

压力 1～14MPa　电压≈0～5.6V

流量　1～99%　电压≈0～10V

b. 将流量值设定为 50%，然后设定压力值从 1MPa～14MPa，检查压力是否与设定值一致，如过高或过低，则调整比例放大器 0 位和最大、最小值，使其达到要求。参见（输入输出电路图）。有些电脑比例放大器的 0 位、最大值、斜坡等通过键盘设定，详细请参阅电脑说明书。（该部分设置出厂时均已调好，无特殊需要请勿自行调整）

c. 检查各动作是否正常：

将压力设定为 5MPa，流量设定为 30%，检查各动作是否正常。

d. 将流量参数值设定为 5%，此时做塑化动作，油马达应微有转动，然后以每次 10% 的比例将参数逐步设定到 99%，参数每变化 10%，油马达转速应相应变化，可用目测或用转速表进行观测。如不能满足此要求，则可通过调整比例放大器的 0 位和最大电压值，使流量范围达到要求。

＊注意：所有比例放大器的压力、流量上下限（即最大电压和 0 位电压值）在出厂前均已调好，系统安全阀在出厂时已调定为 15MPa，用户请勿自行调整。

6. 手动动作正常后可做半自动和全自动试车，动作可由如下闭合回路图显示。

```
闭模 → 座进 → 注射 → 预塑
 ↑                       ↓
液退                    防涎
 ↑                       ↓
液顶 ← 开模 ← 座退
```

（二）电子尺的调校

本机有二根或三根（仅用于特殊定货）电子尺，一根用于锁模控制（BQ1），一根用于注射控制（BQ2），第三根（仅用于特殊定货）用于顶出控制（BQ3），所有电子尺在出厂前均已严格校正。

零位校正

显示锁模画面，手动锁模终止，使连杆完全挺直，此时移动模板位置显示应为零，如不为零，则松开固定锁模电子尺的四颗螺钉，小心地将电子尺移动，或调节主板上电子尺插座下的电位器，直至移动模板位置显示为零。

显示注射画面，将螺杆注射到底，此时螺杆位置显示应为零，如不为零，则松开固定注射电子尺的四颗螺钉，小心移动电子尺，或调节主板上电子尺插座下的电位器，直至螺杆位置显示为零。

显示顶出画面，将顶出活塞退到底，此时活塞位置显示应为零，如不为零，则松开固定顶出电子尺的四颗螺钉，小心地移动电子尺，或调节主板上电子尺插座下的电位器，直至活塞位置显示为零。

（三）安装模具并调定锁模压力

用户必须使用符合国家相关标准的注塑模具，模具外形尺寸应符合本说明书的要求。

● 模具安装

1. 选择手动方式,做开模动作,使模板开档大于模具厚度,亦可在电脑上选择调模使用,这时其他动作均无效,然后选择调模进或调模退,模板位置就会调大或调小,将移动模板调到模板开档大于模具的厚度;

2. 先将模具固定在前模板上,保证定模的凸缘嵌入前模板的定位孔;

3. 选择手动方式,缓慢闭模,夹住模具,拧紧动模、定模具的压板螺栓,将动、定模分别紧固在移动模板和前模板上,对螺栓不可施加过大的扭矩,以免模板上的螺孔滑牙。(螺栓在模板上的拧入深度应保证1.5倍螺栓直径)

● 调定锁模力

本机可以用手动方式,也可以用自动方式进行调模。

● 手动调模

本机锁模时的油压力可在电脑屏幕上设定,在满足制品成型要求的前提下,越低越好;

2. 按手动调模键,将容模厚度调厚或调薄。

3. 打合模动作,并观察压力表,如合模压力未达到要求,则开模后稍将模具调前,再合模,反之则调后,如此重复直到合模力达到需求。

● 自动调模

1. 设为自动调模(详细操作请参阅电脑操作说明书或向供应商查询)。

2. 将合模力根据需要设定好,一般以不超过12MPa为宜。

按自动调模键,机器就会自动进行调模,在自动调模结束后,报警灯会闪亮。

自动调模还包括位置调模,此时可设定调模位置(详细操作请参阅电脑操作说明书或向供应商查询)。

注意:

调模动作要在开模状态下进行,严禁在模板紧闭模具时开动调模油马达。

调模时必须将安全门关好。

只要能满足制品成型要求,不出飞边,锁模力不应调得过高,否则既浪费能源,也会影响机器使用寿命。

有时自动调模结束后,会出现不能锁模的警告,此时可提高锁模力或用手动调模来调整锁模力。

(二)试重车

试重车即为对机器进行实物(打制品)试车,首次试车一定要用聚苯乙烯新料、聚丙烯新料或聚乙烯新料。

1. 调整好液压中心顶出的距离;

2. 调整好喷嘴中心与模具浇口中心位置,使喷嘴和模具良好接触;调整好喷嘴前进限位开关撞杆位置。

3. 料筒开始加温,待料筒达到规定温度并保温一定时间(约大于15分钟,保证物料充分熔融),才准许操作预塑动作,使螺杆转动进行预塑。背压由阀(V23)调节。

4. 试注射动作时,应先将喷嘴离开模具用点动进行模外注射,待正常后再向模内注射。其注射速度的变化可视制品的尺寸和形状而定。

保压压力和时间,是为了保证对模内制品因冷却定型引起的收缩进行补料,提高制品的质量,可根据制品要求进行设定。

8.2.3 维护与保养

检查、维护与保养机器,一定要牢记安全问题。注意切断总电源。

（1）机器的故障及排除请参考说明书。

（2）禁止机床超出其使用范围

（3）模具安装必须准确,锁模压力调整合理。经常检查机床各部分工作是否正常,所有联接件和紧固件是否松动。如有松动及时加以紧固,如发现有机件磨损,必须及时更换。

（4）机床以及电气装置必须经常保持清洁,干燥,无漏电、漏水现象

（5）定期进行全面检查维修。

第9章 简单二板模成型

9.1 概 述

注塑模的成型实训基本上可以分为两类:一类是不带电气系统(冷流道系统),二类是带有电气系统(热流道系统)。同一种系统在注塑机上的运动过程、安装和调试等基本上类似,本章在注塑模的成型选择上就选取了一副冷流道系统的模具(简单二板模)作为典型,供成型实训时作为参考。

在进行成型操作之前,必须应该掌握成型机的主要技术参数,确保在安装模具、材料以及成型工艺设置上正确无误。SE-160 注塑机其主要技术参数见表 9-1 所列。

表 9-1 SE-160 注塑机

规格 specification		SE-160		
注射装置 Injection Unit		A	B	C
螺杆直径 Screw Diameter	mm	40	45	50
螺杆长径比 Screw L/D Ratio	l/d	24.7	22	19.8
理论容量 Shot Size (Theoretical)	cm³	276	350	432
注射重量 Injection Weight(PS)	g	251	318	393
注射速率 Injection Rate	g/s	119	151	187
塑化能力 Plasticizing Capacity	g/s	19.8	25	30.9
注射压力 Injection Pressure	MPa	227	180	145
螺杆转速 Screw Speed	rpm	0—225		
合模装置 Clamping Unit				
合模力 Clamp Tonnage	kN	1600		
移模行程 Toggle Stroke	mm	450		
拉杆内距 Space Between Tie Bars	mm	455×450		
最大模厚 Max.Mold Height	mm	500		
最小模厚 Min.Mold Height	mm	150		
顶出行程 Ejector Stroke	mm	110		
顶出力 Ejector Tonnage	kN	35		
顶出杆根数 Ejector Number	PC	5		
其他 Others				
最大油泵压力 Max. Pump Pressure	MPa	16		
油泵马达 Pump Motor Power	kW	18.5		
电热功率 Heater Power	kW	9.84		

续表

外型尺寸 Machine Dimension(L×W×H)	m	5.2×1.3×1.8
重量 Machine Weight	t	5.2
料斗容积 Hopper Capacity	kg	25
油箱容积 Oil Tank Capacity	l	306

为了能够方便、顺利的进行一些拆装等工作,成型机还配备了一些工具作为机器附件,具体见表 92 所列。

表 9-2

NO.	产品名称	规格	数量	备注
1	六角扳手	3/16,5/16,1/4	各一把	
2	快速接头	φ8×1/4	6 个	
3	气 管	φ8	1 套	
4	手 套	白色	2 副	

9.2 实验质量控制

实训的目的在于让学生能够真正的学会需要的知识以及技能。为了这一目的,必须明确规定在实训或实验过程中,需要涉及的实验内容和最终评定要求。因此,在实验质量控制方面,将对实验目的、内容以及要求做明确规定。

9.2.1 实验目的

通过虚拟成型上机实训,可以完整的了解如何处理原料、模具如何安装到注塑机、注塑机如何进行调试、如何设置成型工艺以及成型时需要注意的安全问题等在课堂上所不能学到或不易理解的知识点。

9.2.2 实验内容

- 安装模具到虚拟注塑机上的操作。
- 操作虚拟 E160 注塑机,设置成型工艺。
- 塑料产品的后处理操作。
- 热流道系统的安装与测试。

9.2.3 实验要求

- 能够熟练操作注塑机,了解各项成型工艺。
- 能够独立安装模具到注塑机和拆卸、能够独立正确连接各种接头。

9.3 成型前准备

在正式开始成型前,需要做一些必要的准备工作。那最最基本的一项是把需要在成型过程所用到的材料和工具准备妥当,见表 9-3 所列。

表 9-3

材料、工具和设备	说 明
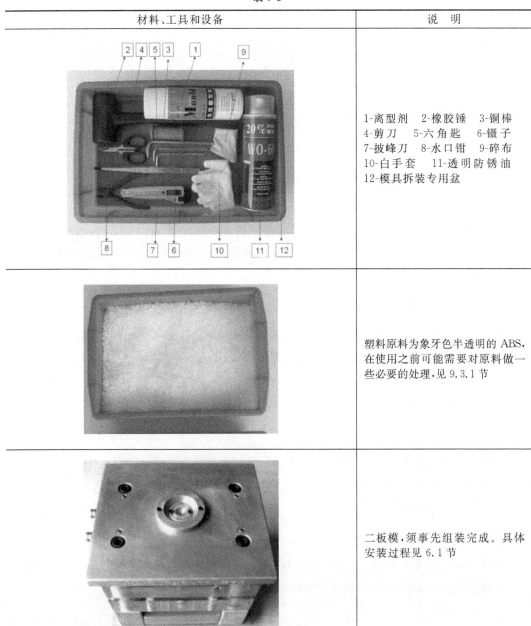	1-离型剂　2-橡胶锤　3-铜棒 4-剪刀　　5-六角匙　　6-镊子 7-披峰刀　8-水口钳　9-碎布 10-白手套　11-透明防锈油 12-模具拆装专用盆
	塑料原料为象牙色半透明的 ABS,在使用之前可能需要对原料做一些必要的处理,见 9.3.1 节
	二板模,须事先组装完成。具体安装过程见 6.1 节

材料、工具和设备	说　明
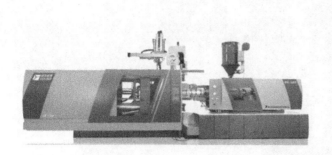	E160 注塑机,其性能参数和各部分零件结构名称请详见8.2节
	热流道模具配套使用,控制热流道系统温度

9.3.1　原料相关

原料已经准备妥当,为象牙色半透明的 ABS,如图 9-1。在成型之前,需要把原料放入料斗进行烘干处理,如图 9-2 所示。

图 9-1

图 9-2

在实训中,对于其他塑料或成型时,可能还需要做其他相关的操作,见表 9-4 所列。

表 9-4

相关对象	说　明
塑胶原料预处理	根据各种原料的特性,一般要在成型加工前对其进行外观(色泽、粒子大小、均匀性等方面)和工艺性能(熔融指数、流动性、热性能、收缩率等方面)的检验;如果是粉料,有时还要进行配色和造粒;对有些原料还需要进行干燥。 　　对各种塑料的干燥方法应根据其性能和具体条件来选择。小批量生产的塑料常采用热风循环风箱、料斗或者是红外线加热烘箱来干燥;高温下常时间受热易氧化变色的塑料,比如尼龙 PA,适于真空烘箱干燥;大批量生产用的塑料,则可以采用干燥效率高的且能连续化的沸腾干燥或气流干燥。 　　干燥所用的温度,在常压是应选择 100℃ 以上;如果塑料的玻璃化温度不到 100℃,那么干燥温度应该控制在玻璃化温度以下。一般来说,延长干燥时间有利于提高干燥效率,但超过最佳干燥时期效果不大。干燥好还未使用的塑料应做好防潮措施。
料筒清洗	在新用塑料或注塑机前,或者在生产过程中的换模、换料、换色,或者发现材料有分解现象时,需对注塑机料筒进行清洗或拆换。 　　柱塞式注塑机料筒内的存料比较大,且不易对其转动,必须拆卸清洗或是采用专用料筒,比螺杆式注塑机的拆洗困难。 　　螺杆式注塑机通常是直接换料清洗。换料清洗应采取正确的操作步骤,并掌握材料的热稳定性、成型温度范围、各种塑料之间的相容性等技术资料。例如要更换的塑料 A 的成型温度比料筒中残留塑料 B 的成型温度高,应先将料筒和喷嘴温度升高到准备更换的塑料 A 的最低温度,然后加入塑料 A,并连续空射,直到料筒中残留的塑料 B 全部洗清完毕时才开始调整温度进行正常生产。例如替换塑料 C 的成型温度比料筒中的残留塑料 D 的温度低,则应将喷嘴和料筒温度升高到塑料 D 的最好流动温度后,切断加热电源,用塑料 C 在降温的情况下进行清洗。如果替换塑料的成型温度较高,熔融粘度较大,而料筒中的塑料又是热敏性的,为防止其降解,应选用流动性较好、热稳定性高的 PS 或 LDPE 等塑料作为过渡换料。

续表

相关对象	说　明
嵌件预热	带金属嵌件的塑料制品,在金属周围容易出现裂纹,导致制品强度下降,这是因为金属嵌件和塑料的热性能、收缩率差别较大引起的。所以在制品设计时,加大嵌件周围的产品壁厚来克服这个问题外,成型前对金属嵌件进行预热是一个非常有效的措施。 　　嵌件的预热要根据塑料的性质和金属嵌件的大小而定;对具有刚性分子链的塑料(如 PC、PPO 等),因其制件在成型过称中容易应力开裂,故所有的金属嵌件都应该事先预热;对于小嵌件,容易被塑料周围的热量直接加热,因此可以不用直接预热。嵌件的预热温度应以不损伤金属表面镀层为限,一般在 100℃～130℃;没有镀层的铝合金和铜嵌件,预热温度可适当提高到 150℃左右。
脱模剂	脱模剂是让塑料制件从模具中容易脱出而敷在模具表面的一种助剂。一般注塑制品的脱模靠合理的工艺条件和模具设计;但是在生产上为了顺利脱模,也常采用脱模剂。 　　常用脱模剂有三种: 　　(1)硬酯酸锌　除聚酰胺(PA)外,一般塑料都可以使用。 　　(2)液体石蜡(白油)作为聚酰胺类塑料的脱模效果最好,除具有润滑作用之外,还有防止塑件内部产生空隙的作用。 　　(3)硅油　润滑效果良好,但价格较贵,使用较麻烦,需配置成甲苯溶液,涂抹在模腔表面,经加热干燥后才能显示优良的效果。 　　无论使用哪种脱模剂都应该适量,过少起不到应有的效果,过多或涂抹不均会影响制品外观和强度;对透明制品更为明显,会出现毛斑和浑浊现象。
静电防治	(1) 加入一些具有吸湿作用而又对塑料无害(助剂)材料,来降低其表面电阻,这就是塑料的防静电剂,根据塑料品种不同选择不同的抗静电剂种类来使用;无论是离子型非离子型都属于吸湿性抗静电剂。加入这些助剂后,这类材料开始吸收空气中的水分,降低表面电阻,以达到防静电性能。 　　(2) 直接采用具有导电性能的塑料来加工其制品,这就是导电塑料(树脂)的由来。

9.3.2　模具和注塑机相关

　　原料、模具、注塑机和相关工具都准备妥当,并仔细检查一遍,接下来就是把模具安装到注塑机上,并且把周边设备或接头(冷却)安装和检查。具体操作过程见表 9-5 所列。

表 9-5

序号	操作流程	说　明
1		连接好电源,到注塑机左下角,打开注塑机总电源,此时控制面板打开。

续表

序号	操作流程	说　明
2		转动急停按钮（开机时旋转急停开关才可以按启动按钮，同时可以在遇到问题时立刻切断电源，起保护作用） 开机状态下才可以启动急停按钮，急停按钮启动之后注塑机强制停止，再进行其他操作无效。解除按钮之后，可继续进行其他操作。
3		点击电机开关，启动注塑机的电机。
4		点击电热开关，打开料筒加热开关，加热料筒，料筒能为塑化提供热量。此时，温度监控页面开始显示数字。
5		在控制面板中按 F8，设置注塑筒温度，一般情况下，料筒加热分为多段，我们以四段为例子，一般第一段为喷嘴温度，高于后面段。之后大致为略低，高，低。具体根据每种材料不同而其定。
6		点击"手动"按钮，进入手动操作画面。手动模式下，可以一步步操作注塑机成型动作，设置成型工艺参数。
7		使用手直接向右方向拉动安全门。安全门初始状态下是闭合的。

续表

序号	操作流程	说　明
8	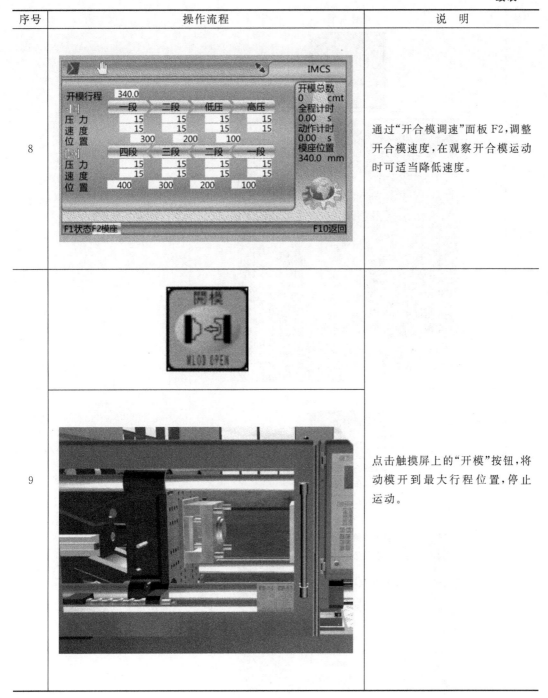	通过"开合模调速"面板 F2,调整开合模速度,在观察开合模运动时可适当降低速度。
9		点击触摸屏上的"开模"按钮,将动模开到最大行程位置,停止运动。

续表

序号	操作流程	说　明
10		点击触摸屏上的"合模"按钮,使原先分离的动定模合模
11		点击触摸屏上的"开模"按钮,准备检查在开模过程中各零件是否运动正常。

续表

序号	操作流程	说　明
12	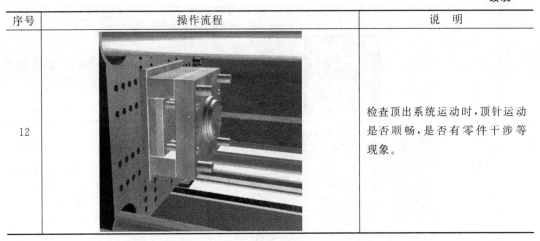	检查顶出系统运动时,顶针运动是否顺畅,是否有零件干涉等现象。

9.4　成型操作

把模具安装到注塑机上,并进行简单的空运行。开合模运动没有问题后,接下来就是要进行产品注射了。具体的操作流程见表 9-6 所列。

表 9-6

序号	操作流程	说　明
1		根据图片上的参数设置各段温度。
2		手工把进料口的盖子打开,准备加料。

续表

序号	操作流程	说　明
3		点击触摸屏上的"储料"按钮,把固体塑料变成熔融塑料。
4		在控制面板中按 F4,进入塑化界面,设置塑化所需要的塑化压力,塑化速度,塑化位置等。
5		在控制面板中按 F3,进入射出参数页面,设置好射出工艺参数,射出速度,压力,时间等。
6		在控制面板中按 F3,进入射出参数页面,对保压参数进行设置,设置好保压限制速度,保压压力,保压时间等。
7		手工把安全门向右移动,关上安全门。

序号	操作流程	说　明
8	坐台进 NOZZLE ADV	点击触摸屏上的"坐台进"按钮，使喷嘴碰到浇口套，然后把熔融塑料注入型腔。这一操作，包括了填充和保压。
9	射出 INJECT 坐台退 NOZZLE RET	点击触摸屏上的"坐台退"按钮，使喷嘴后退，准备下次注塑。

续表

序号	操作流程	说　明
10		点击触摸屏上的"开模"按钮，模具开始被打开。（打开过程请注意观察产品顶出效果）
11		手工把安全门往右移动，打开安全门。
12		对得到的产品进行比较，仔细比较下有什么不同，可以看到有些产品没有完整或是短射等

序号	操作流程	说　明
13		手动模式中设置好各项参数后，点击"电眼自动"按钮，然后开关前安全门一次。便进入自动成型过程。注塑机自动成型，用于大批量生产。

9.5　成型后工作

成型操作结束后,需要做一些必要的处理工作。比如对注射出来的产品进行处理,剪断浇口等;拆卸模具,并且进行清理以及对注塑机的整理、清洁和保养等。

9.5.1　产品相关

产品注塑出来以后,需要对产品进行一些处理。比如说浇口处理、防止尺寸不稳定性的处理等。具体见表 9-7 所列。

表 9-7

类别	操作流程	说明
实训相关		使用水口钳把浇口和流道凝料从产品上分离出来,使用水口刀把产品上的溢料边去除
知识补充	制品后处理主要有退火和调湿两种处理方法。 1. 退火处理 由于塑料在料筒内塑化不均匀,或者在模腔内冷却速度不均,因此常常会产生不均匀的结晶、定向和收缩,导致制品存在内应力,特别是在生产厚壁或带金属嵌件的制品时更突出。有内应力的制品在贮存和使用中会发生力学性能下降、光学性能变差、表面有银纹、变形开裂等问题。解决方法就是对制品进行退火处理。 退火处理的方法是将制品放置在恒温的加热液体介质(比如热的水、矿物油、甘油、乙二醇、液体石蜡等)或者热空气循环箱中一段时间。处理时间取决于塑料的品种、加热介质的温度、制品的形状和注塑条件。凡是所用塑料的分子链刚性较大、制品壁厚较大、带金属嵌件、使用温度范围较宽、尺寸精度要求较高、内应力较大且不易自消的制件都需要进行退火处理。对聚甲醛和氯化聚醚塑料制品来说,虽然存有内应力,但由于分子链柔性较大、玻璃化温度较低,内应力会缓慢消失,如果对制品要求不严格时,可以不用退火处理。	

知识补充	退火温度应该控制在制品使用温度以上 10～20℃，或低于塑料的热变形温度 10～20℃。温度过高会使制品发生翘曲变形，温度过低又达不到效果。退火时间根据制品厚度来定，以达到能消除制品内应力为宜。处理时间到后，应将制品缓慢冷却至室温；冷却太快的话有可能重新引起内应力。 　　退火的实质是：(1) 让强迫冻结的分子链得到松弛，凝固的大分子链段转向无规位置，从而消除这部分的内应力；(2) 提高结晶度，稳定结晶结构，从而提高结晶性塑料制品的弹性模量和硬度，降低断裂伸长率。 　　2. 调湿处理 　　聚酰胺类的塑料制品在高温下和空气接触时常会氧化变色；另外在空气中使用或存放时又容易吸收水分而膨胀，需要经长时间后才能得到稳定的尺寸。因此将刚脱模的制品放入热水中进行处理，不但可以隔绝空气、防止氧化并退火，同时还可加快达到吸湿平衡，此过程称为调湿处理。适量的水分还能对聚酰胺起到类似增塑的作用，进而改善制品的柔韧性，提高抗冲强度和抗张强度。调湿处理的时间需根据聚酰胺塑料的品种、制品的形状、厚度和结晶度大小来设定。

9.5.2　模具相关

注塑完成以后，需要对模具进行清理和保养，方法见表 9-8 所列。

表 9-8

操作流程	说明
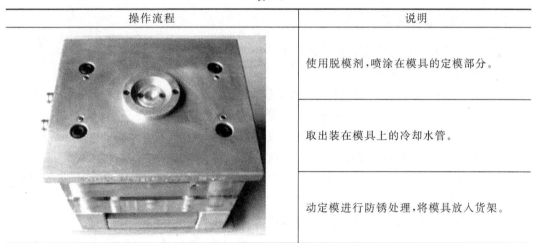	使用脱模剂，喷涂在模具的定模部分。
	取出装在模具上的冷却水管。
	动定模进行防锈处理，将模具放入货架。

9.5.3　注塑机相关

模具整理以后，就需要把注塑机也相应的做下整理。首先确保已经切断电源，其次对注塑机进行清理，最后对注塑机喷涂防锈剂（如图 9-3 所示），对设备进行保养。

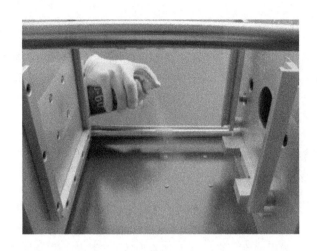

图 9-3

9.6 热流道知识相关补充

热流道牵涉到的零件、装配参数相对普通浇注系统来讲，要复杂的多。比如在装配前，应该对热流道系统提供的配件进行清点、对模具本身的用于装配热流道相关的尺寸进行检查等、试模时应该要注意什么等，都是需要了解的。

9.6.1 配件参数检查

配件参数检查包括热流道浇注系统的配件数目的清点以及热流道配件的参数检查。

（一）热流道配件数目清点

（1）首先打开包装后有出货清单和图纸，把热流道系统与出货清单对照清点数目是否正确。检查模具的开孔是否与所安装分流板的形状及装配方向相同。

（2）检查喷嘴数目是否正确，喷嘴外观面是否有损坏。

（3）检查热流道的配件是否齐全：主喷嘴、承压垫块、中心垫块、中心定位销、止转定位销、热电偶、接线盒底座、接插件、接线盒、加热导线、热电偶导线"O"型密封圈、气缸密封圈、分流板紧固螺钉及螺丝垫片。

（4）针阀式的配件包括：气缸、阀针、紫铜"O"型流道密封圈、气缸密封圈、喷嘴定位销、中心定位销、止转定位销、中心垫块、承压垫块、气缸后盖、电磁阀、信号线、气管、气管接头、接线盒底座、接线盒、接插件。

（二）热流道配件参数检查

1. 重要尺寸：核查热流道重要尺寸是否与设计图纸相同，喷嘴头封胶面的尺寸、封胶位的直径、喷嘴头端面到定位托面的尺寸，定位托面到上端面的尺寸。

2. 电器参数：

（1）把万用表放在 200Ω 档位上测电阻：用万用表测量分流板加热器电阻并计算功率是否与分流板上标记的加热额定功率相同；喷嘴上的加热器功率是否与喷嘴体上标记的加热

功率相同;测量热电偶的电阻是否正确(热电偶电阻一般在 $2\sim10\Omega$ 之间);如以上测量功率与额定功率不同说明加热器存在问题,没有阻值,说明断路。

(2)把万用表放在 2M 档位上测绝缘;测量分流板的加热器绝缘电阻值是否大于 $2M\Omega$;测量喷嘴的加热器绝缘电阻值是否大于 $2M\Omega$;测量热电偶的绝缘电阻值是否大于 $2M\Omega$;如绝缘值小于 $2M\Omega$ 属于漏电状态,是不能进行调试的。(注意:分流板上的卡柱型热电偶不是绝缘型的,也就是漏电型的。)

3.热电偶有分正负极性;其中线皮上带有花边的一条为热电偶正极,另一条则为负极。常规检查带有花边的一条为正极,但是特殊情况下可使用带有磁性的物体靠近正负极,能相吸的一条为正极。

9.6.2　试模注意事项

对于热流道模具,在进行试模时,有一些与冷流道模具不一样的注意事项。下面列出主要几点,需要引起注意的。

(1)试模前,须用测温计测试热流道喷嘴出口处的温度。该处温度依塑料品种不同而有所差异。应通过设定温度的高低选择出口处的合适温度。只有当温度达到塑化温度后,才可以进行试模。

(2)试模初始,各控温点的设定温度可接近塑料工作温度范围的上限。待注塑正常后,再逐步下降温度。

(3)试模过程中,必须随时记录温控器的设定温度、实际温度和热流道喷嘴出口处的温度,作为以后试模时的调温依据。

(4)试模后修改模具,拆装热流道系统时,必须更换分口处的"O"型密封圈以后才可以重新装配,否则将造成溢料。

9.6.3　调试

热流道模具的调试相对于冷流道模具的调试更为复杂。在成型实训时,有些在实训中由于受成型设备和热流道模具的差异,可能不能涉及齐全。因此下面将具体描述下在工厂中的调试方法。

1.机下试运行

(1)安装好热流道系统后,在试模前先对热流道系统进行空载运行。

(2)使用万用表检测各加热线和感温线的电阻是否正常。

(3)将温控器线缆插座插入接线盒,打开温控器电源开关,然后逐一打开,显示表如无异常,系统即可正常工作。

(4)按温控器使用说明书,将热流道系统各控温点空载运行的温度设置在 150℃。

(5)在升温过程中 100℃ 以下为"软启动"过程。

(6)各温控点的实际温度应平稳上升,并逐渐稳定在设定温度。说明此系统工作正常。

(7)如是阀针式热流道系统加热后并用气吃气缸,看阀针动作是否正常,动作是否到位。

(8)如是多点阀针式热流道系统加热后并用气吃气缸,看阀针动作是否正常,动作是否到位。

2. 上机试运行

（1）热流道注塑模上注塑机后，必须同时通电，设定温度是要高出所打塑料的温度10～20℃。

（2）测试本系统温度变化情况：前后端温控是否正常，温控范围是否达到预定状况等。

（3）生产时模具随着注射量而温度上升，热流道温度可能偏高，这是设定温度，可适当进行调整。

（4）注塑成型（注意观察模温、压力等，根据塑料品种而定）。

（5）闭合模具做大约5次短射，检查材料的流动平衡性。

（6）待产品注射成型后，取出观察浇口的形状、长度、颜色及熔接痕的位置、大小。

（7）调节注塑工艺，直至试出合格的产品。

（8）如是阀针式热流道打出产品后，看阀针是否到位，气压是否足够。

图 9-4　模具虚拟工厂

9.7　模具虚拟工厂（成型试模车间）

9.7.1　简介

模具虚拟工厂（成型试模车间），它采用世界领先的虚拟现实技术，以逼真的三维场景和三维虚拟装备，营造出身临其境般的教学与实训体验，开创"寓教于做"的新型教学模式，以及"虚实结合"的新型实训模式,"身临其境"般的全新教学体验,大幅度提升模具教学与实训效果,同时显著降低成本。系统可通用于不同层次、不同类型、不同规模的课程教学,是国内领先的第四代多功能综合教学平台,是模具精品课程建设和重点专业建设的重要组成部分。

9.7.2　虚拟成型的优点

与传统的实物模型成型实训相比,模具虚拟工厂(成型试模车间)有着独特的优点:

1. 射出训练平台可作虚拟现实、教学训练
2. 假设各种模拟状况,让学习者练习不同状况操作反应
3. 可避免新手上路发生危险,及机具损坏
4. 可有效又安全有系统,且低成本的训练学员
5. 可减少训练初期实际占用实体射出成型机的时间
6. 本系统可引导新进人员,循序渐进学习到射出成形技术
7. 可节省精密射出成型机设备的昂贵价格投资,且操作程序较复杂,使学习者产生惧怕心理
8. 可节省操作训练过程中,螺杆残留塑料的排除,及洗料换料时间的耗费
9. 实境的动画教学,让学习者能够随时自由的去观察虚拟射出过程
10. 利用数据库概念储存各类模具及射出模型,可以自行各模型种类,自行练习,及测试各种自学效果

9.7.3　"虚"、"实"结合的模具成型实训流程

所谓"虚"、"实"结合,是指将模具虚拟成型与实物成型相结合的实训模式。模具成型的主要目的是使学生直观感受、清楚认知模具如何安装到注塑机、注塑机如何进行调试、如何设置成型工艺以及成型时需要注意的安全问题,而虚拟成型实训以其真实感强、生动、直观的特点,完全能够满足这一要求。

我们几乎不可能有条件让每一个学生都将各种结构类型的实物模具都成型实训,多数情况下只是一个小组合作完成一副实物模具的成型。而虚拟成型则完全可以让每个学生都将各种模具进行反复成型练习! 其教学效果要远远优于实物成型。

当然,从真实感的角度出发,虚拟成型与实物还有一定差距,主要是无法使学生体会到实物的物理特性,如材料、重量、质地、手感等。所以,"虚"、"实"结合的模具成型实训模式,既能给学生提供充分的实训机会和高效的实训手段,又能让学生对真实模成型有所体验,从而大大提升模具课程的教学效果!

虚实结合的成型实训可分为三个阶段(如图 9-5 所示):

(1)拆装预演

拆装预演的目的是为实物拆装做好充分准备,以提高实物拆装的效率、效果,减少实训风险。拆装预演又分三个内容,一是拆装讲解。包括模具拆装过程、拆装要点及安全事项等。二是拆装示范。利用拆装虚拟实训室可以演示模具拆装每个步骤的立体动画,并给出每一步的简要拆装说明。三是拆装演习。针对实物模具的结构类型,先在虚拟实训室中进行同类结构的虚拟拆装演习,熟练掌握后,再进行实物拆装。

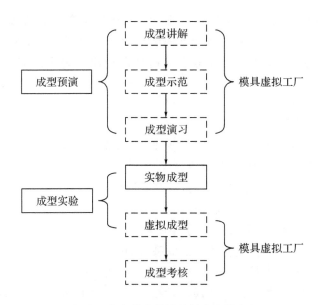

图 9-5　虚实结合的模具拆装实训流程

（2）成型实训

成型实训包括实物成型和虚拟成型。首先进行成型演示，针对典型模具结构进行实物成型，一方面学习模具成型过程及注意事项，一方面体验真实模具的成型感受。在实物成型结束后，还需要反复进行各种类模具结构的虚拟拆装实训，直到学生能正确地理解和掌握各种典型模具结构及其工作原理。

（3）成型考核

考核内容包括三部分：一是虚拟成型考核，即在模具虚拟工厂中以考核模式自动记录每个学生虚拟成型实训的过程，由系统自动评分。二是以书面方式考核每个学生对模具成型工作原理的理解程度，以评估模具成型课程的教学效果。

9.8　实验小结

1. 通过虚拟上机操作，更能深刻理解各项成型工艺对产品质量的影响。

2. 掌握在正式注塑前，所需要的准备、调试方法以及在生产中碰到问题如何应对。

3. 通过机器操作，最重要的是熟悉了如何使用注塑机，其操作顺序是如何的，可以实现去真实生产接轨的效果。

附录一　　模具拆装实训工具表

类　别	工具名称	图　片	用　途
扳手	内六角扳手		专门用于拆装标准内六角螺钉
	套筒扳手		用于紧固或拆卸六角头螺栓、螺母,特别适用于空间狭小、位置深凹的工作场合。由各种套筒、连接件及传动附件组成不同件数的套盒
	活扳手		开口宽度可以调节,可用来拆装一定尺寸范围内的六角头或方头螺栓、螺母
螺钉旋具（螺丝刀）	一字槽螺钉旋具		用于紧固或拆卸各种标准的一字槽螺钉
	十字槽螺钉旋具		用于紧固或拆卸各种标准的十字槽螺钉
	多用螺钉旋具		用于旋拧一字槽、十字槽螺钉及木螺钉,可在软质木料上钻孔,并兼作测电笔用
	内六角螺钉旋具		专用于旋拧内六角螺钉

类　别	工具名称	图　片	用　途
手钳	管子钳		用于紧固或拆卸各种管子、管路附件或圆形零件
	尖嘴钳		用于在狭小工作空间夹持小零件和切断或扭曲细金属丝,为仪表、电讯器材、家用电器等的装配、维修工作中常用的工具
	大力钳		用于夹紧零件进行铆接、焊接、磨削等加工,也可作扳手使用,而且钳口有多挡调节位置,供夹紧不同厚度零件使用,是模具或维修钳工经常使用的工具
	挡圈钳		专供拆装弹性挡圈用。由于挡圈有孔用、轴用之分以及安装部位的不同,可根据需要,分别选用直嘴式或弯嘴式、孔用或轴用挡圈钳
	钢丝钳		用于夹持或弯折薄片形、圆柱形金属零件及切断金属丝,其旁刃口也可用于切断金属丝

类　别	工具名称	图　片	用　途
吊装工具 和配件	吊环螺钉		吊环螺钉配合起重机,用于吊装模具、设备等重物,是重物起吊不可缺少的配件
	钢丝绳		主要用于吊运,拉运等需要高强度线绳的吊装和运输中。在滑车组的吊装作业中,多选用交互捻的钢丝绳;要求耐磨性较高的钢丝绳,多用粗丝同向捻制的钢丝绳,不但耐磨,而且挠性好
	手拉葫芦		供手动提升重物用,是一种使用简单、携带方便的手动起重机械。多用于工厂、矿山、仓库、码头、建筑工地等场合,特别适用于流动性及无电源的露天作业
	钢丝绳 电动葫芦		钢丝绳电动葫芦是一种小型起重设备,具有结构紧凑,重量轻,体积小,零部件通用性强,操作方便等优点。它既可以单独安装在工字钢上,也可以配套安装在电动或手动单梁、双梁、悬臂、龙门等起重机上使用,用于设备、物料等重物的起身

类　别	工具名称	图　片	用　途
手锤	圆头锤		钳工作一般锤击用
	塑顶锤		用于各种金属件和非金属件的敲击、装卸及无损伤成形
	铜锤		钳工、维修工作中用以敲击零件，不损伤零件表面
其他	铜棒		铜棒是模具钳工拆装模具必不可少的工具。在装配修磨过程中，禁止使用铁锤敲打模具零件，而应使用铜棒打击，其目的就是防止模具零件被打至变形。
	撬杆		撬杆主要用于搬运、撬起笨重物体，而模具拆装常用的有通用撬杆和钩头撬杆
	卸销工具		可分为拔销器和起销器，都是取出带螺纹内孔销钉所用的工具，主要用于盲孔销钉或大型设备、大型模具的销钉拆卸

附录二　模具测绘实训工具表

类　别	工具名称	图　片	用　途
线纹尺	钢直尺		钢直尺是精度较低的普通量具,主要用来量取尺寸、测量工件,也常用作划直线的导向工具,其工作端面可作测量时的定位面
	钢卷尺		测量长工件尺寸或长距离尺寸用。精度比布卷尺高。摇卷架式用于测量油库或其他液体库内储存的油或液体深度
通用卡尺类	游标卡尺		用于测量工件的外径、内径尺寸。带深度尺的还可用于测量工件的深度尺寸
	深度游标卡尺		深度游标卡尺是用以测量阶梯形表面、盲孔和凹槽等的深度及孔口、凸缘等的厚度
	高度游标卡尺		用于划线及测量工件的高度尺寸

类　别	工具名称	图　片	用　途
千分尺类	外径千分尺		简称千分尺,主要用于测量工件的外径、长度、厚度等外尺寸
	内径千分尺		是一种带可换接长杆的内测量具,用于测量工件的孔径、沟槽及卡规等的内尺寸
	深度千分尺		主要用于测量精密工件的高度和沟槽孔的深度
指示表类	百分表和千分表		测量精密件的形位误差,也可用比较法测量工件的长度
	带表卡规		以测量头深入工件内外部,用于测量工件上尺寸,并通过百分表直接读数。如可用于测量内径、深孔沟槽直径、外径、环形槽底外径、板厚等尺寸及其偏差。是一种实用性较强的专用精密量具

类　别	工具名称	图　片	用　途
角度量具	游标万能角度尺		用来测量精密工件的内、外角度或进行角度划线的量具
	直角尺		直角尺简称角尺,主要用于检验工件的90°直角和零部件有关表面的相互垂直度,还常用于钳工划线
	正弦规		用于检测精密工件、量规的角度,也可作机床上加工带斜度或锥度零件的精确定位用
	水平仪		用于检查机床等设备安装的水平度及垂直度,精度较高
量块、量规	量块		量块又称块规,是技术测量中长度计量的基准。常用于精密工件、量规等的正确尺寸测定,精密机床夹具在加工中定位尺寸的调定,对测量仪器、工具的调整、校正等
	光滑极限量规		用以检验没有台阶的光滑圆柱形孔、轴直径尺寸的量规,在生产中使用最广泛。按国家标准规定,量规的检验范围是基本尺寸(1—500)mm,公差等级为IT6—IT16的光滑圆柱形孔和轴
	圆锥量规		用于综合检验光滑圆锥体工件的锥角和圆锥直径的量具,可满足锥体制件的互换,实现锥度传递及检测,在机械加工中应用广泛

类　别	工具名称	图　片	用　途
其他量具或量仪	表面粗糙度比较样块		以样块工作面的表面粗糙度为标准,与待测工件表面进行比较,从而判断其表面粗糙度值。比较时,所用样块须与被测件的加工方法相同。
	塞尺		又名厚薄规、测隙规。是用于检测各种间隙的尺寸,与平尺、量块等配合使用,还可检测某些导轨、工作台或平台的直线度和平面度。塞尺的测量准确度,一般约为 0.01mm
	螺纹样板		又称螺距规、螺纹规。用以与被测螺纹比较的方法来确定被测螺纹的螺距(或英制 55°螺纹的每 25.4mm 牙数)
	半径样板		又称半径规、R 规。用以与被测圆弧作比较来确定被测圆弧的半径。凸形样板用于检测凹表面圆弧,凹形样板用于检测凸表面圆弧
	三坐标测量机(CMM)		不仅能在计算机控制下完成各种复杂测量,而且可以通过与数控机床交换信息,实现对加工的控制,并且还可以根据测量数据实现逆向工程。目前,其需求和应用领域不断扩大,不仅仅局限在机械、汽车、电子、航空航天和国防等工业部门,在医学、服装、娱乐、文物保存工程等行业也得到了广泛的应用。在模具设计和制造中也有着广泛的应用。成为现代工业检测和质量控制不可缺少的万能测量设备

附录三 模具常用词汇中英文对照表—零件类

中文名称	英文名称	中文别称
1. 零件类（模板）		
模架	mold base	模胚
隔热板	thermal insulation board	
定模座板	top clamping plate	定模底板、面板
热流道板	hot runner manifold	分流板
推流道板	runner stripper plate	脱料板、水口推板、水口板
型腔固定板	cavity plate	定模板、定模框、A板、母模
推件板	stripper plate	脱模板
型芯固定板	core plate	动模板、动模框、B板、公模
支承板	support plate	垫板、托板
垫块	spacer block	模脚、方铁、登仔
推杆固定板	ejector retainer plate	顶针固定板、面针板
推板	ejector plate	推顶杆板、顶针垫板、底针板
动模座板	bottom clamping plate	动模底板、底板
2. 零件类（浇注系统）		
定位圈	locating ring	定位环、法兰
浇口套	sprue bushing	浇口衬套、唧咀、唧嘴
浇口镶块	gating insert	入水镶件
拉料杆	sprue puller	拉料销、水口勾针
热流道系统	hot runner system	
流道板	runner plate	
温流道板	warm runner plate	
分流锥	sprue spreader	
二级喷嘴	secondary nozzle	
鱼雷形组合体	torpedo body assembly	
管式加热器	cartridge heater	筒式加热器
热管	heat pipe	导热管
加热圈	heating ring	
热电偶	thermocouple	探针、探温针
阀式热嘴	valve gating nozzle	阀针式热嘴、阀节喷嘴
阀针	valve pin	
热嘴	hot nozzle	热喷嘴
热嘴垫圈	nozzle seat	

中文名称	英文名称	中文别称
3. 零件类（顶出系统）		
推杆	ejector pin	顶杆、顶针
带肩推杆	shouldered ejector pin	阶梯推杆、台阶顶针
扁推杆	flat ejector pin	扁顶杆、扁顶针
推管	ejector sleeve	司筒、顶管、套筒
推管芯子	ejector sleeve pin	中心销、司筒针
3. 零件类（顶出系统）		
推块	ejector pad	顶块
推件环	stripper ring	脱模圈
斜顶杆	angle ejector rod	斜导杆
斜顶	lifter	
自润滑活型芯组件	slide core guide unit	斜顶滑座
导滑座	slide base	
斜导杆固定座	angle ejector rod fixed seat	
自润滑板	guide plate	
挡块	baffle block	
挡块固定螺钉	baffle block set screw	
复位杆	return pin	回程销、回针
限位块	stop block	止动件
限位钉	stop pin	垃圾钉
4. 零件类（成型零部件）		
型腔	cavity	母模仁
型芯	core	公模仁、模芯
侧型芯	side core	侧模芯
镶件	mould insert	镶块
型腔镶件	cavity insert	上内模、母模入子
型芯镶件	core insert	下内模、公模入子
活动镶件	movable insert	
拼块	split	
螺纹型芯	threaded core	
螺纹型环	threaded cavity	
嵌件	insert	
镶针	insert pin	
5. 零件类（温度调节系统）		
快速接头	jiffy quick connector	
管接头	hose nippler	
三通接头	three way cock	
四通接头	four-way connection	
弯管接头	pipe bend	
水嘴	water nozzle	水接头
油嘴	oil nozzle	油接头
软管	hose	喉管
水管	water tube	

中文名称	英文名称	中文别称
油管	oil tube	
气管	air tube	

5. 零件类（温度调节系统）

中文名称	英文名称	中文别称
管夹	hose clip	软管卡子
丝堵	pipe plug	螺塞、喉塞
冷却管	cooling pipe	
隔水片	baffle	挡水板
O形圈	o-ring	密封圈、O形环
止水栓	stopcock	导流塞
流量计	flow meter	
集水器	siamese	集水块
集油器	oil collector	集油块
节流阀	throttle valve	截流阀
流量分配器	flow divider	分流器

6. 零件类（侧向分型与抽芯机构）

中文名称	英文名称	中文别称
滑块	slide	行位
斜导柱	angle pin	斜销、斜导边
弯销	clog-leg cam	
锁紧块	locking block	楔紧块、铲鸡
滑块导板	slide glide strip	滑块导轨、压条
耐磨板	wear plate	硬片、油板
球头顶丝	ball plunger	波子螺丝、波子弹弓
限位块	stop block	止动件
滑块定位器	slide retainer	行位管位

7. 零件类（导向、定位系统）

中文名称	英文名称	中文别称
导柱	guide pin	边钉、导边
直身导柱	straight leader pins	直导柱
带肩导柱	shoulder leader pin	台阶导柱
推板导柱	ejector guide pin	中托边
方型导柱	guide square	方导柱
三板模导柱	support pins	细水口导边、水口边
三板模导套	runner stripper plate bushing	水口板导套、水口套
导向条	gib block	导向块
导套	guide bushing	边司
直导套	straight bushing	
带肩导套	shoulder bushing	有托导套
推板导套	ejector guide bush	中托司套
定位销	dowel pin	销钉、管钉
定位块	locating block	
直身锁	side lock	边锁、侧锁扣、直身定位块
斜度锁	taper lock	斜度定位块

8. 零件类（开关模控制）

中文名称	英文名称	中文别称
定距拉杆	puller bolt	拉杆螺丝、拉杆

中文名称	英文名称	中文别称
定距拉板	puller plate	拉板
止动螺钉	stop bolt	限动螺栓
锁模板	safety bar	安全杆、锁模扣、安全扣
阻尼销	parting locks	尼龙拉钩、树脂开闭器、拉模扣
分型面锁模装置	parting lock set	分型拉钩、扣鸡、扣机
顶出预复位机构	early ejector return	早回机构、先复位机构

9. 零件类(其他功能件)

中文名称	英文名称	中文别称
螺钉	screw	螺丝
螺帽	screw cap	螺丝帽
内六角螺钉	shcs	杯头螺丝
内六角沉头螺钉	fhcs	平头螺丝
无头螺丝	grub screw	
弹簧	spring	弹弓
圆线弹簧	wire spring	
扁弹簧	flat spring	
氮气弹簧	gas spring	
齿轮	gear wheel	
轴承	bearing	
马达	motor	
止动键	locking key	
卡簧	clamp spring	
油缸	hydraulic cylinder	液压缸
气缸	air cylinder	
排气阀	air evacuation valve	
支撑柱	support pillar	支承柱、撑头
承压块	pressure block	
吊模块	lifting bars for mold	模具起吊块
吊环	lifting eye bolts	吊环螺钉
挤紧块	clamping block	锁定块
垫圈	washer	垫片
弹簧垫圈	spring washer	弹垫
标牌	nameplate	铭牌
保护盖	protective cover	防护罩
顶模块	ejector rod	顶出杆、顶棍
行程开关	position limit switch	限位开关
计数器	counters	

9. 零件类(其他功能件)

中文名称	英文名称	中文别称
压力传感器	pressure transducer	
日期章	date markers	日期标记
电源插座	power socket	
公插	male connector	
母插	female connector	
电线	electric wire	

中文名称	英文名称	中文别称
接线盒	connection box	接线箱
保护盒	protection box	
保护柱	stand off	
调整板	adjustment plate	
压板	stopper plate	

附录四 模具常用词汇中英文对照表—相关术语类

中文名称	英文名称	中文别称
	1. 零件类（模板）	
1. 相关术语类（设计系统）		
模具工程	mold engineering	
工程力学	engineering mechanics	
工程热力学	engineering thermodynamics	
流变学	rheology	
塑料成形模具	mould for plastics	塑料模、塑胶模
注射模	injection mould	注塑模
注射模设计	design of injection mould	
热塑性塑料注射模	injection mould for thermoplastics	
热固性塑料注射模	injection mould for thermoses	
双色模	double-color mould	
叠层模	stack injection mould	
热流道模	hot runner mould	
绝热流道模	insulated runner mould	
二板模	two plate mold	大水口模
三板模	three plates mold	细水口模
浇注系统	feed system	
冷流道系统	cold runner system	
主流道	sprue	注入口、注道
分流道	runner	
浇口	gate	入水
浇口形式	gate type	入水形式
浇口大小	gate size	入水大小
浇口位置	gate location	入水位置
直接浇口	direct gate	大水口
环形浇口	ring gate	环型浇口
盘形浇口	dish gate	
轮辐浇口	spoke gate	
点浇口	pin-point gate	细水口、针点式浇口
侧浇口	edge gate	边缘浇口
潜伏浇口	submarine gate	潜水口
隧道式浇口	tunnel gate	月牙形浇口、牛角形浇口、香蕉形浇口

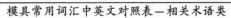

中文名称	英文名称	中文别称
冷料穴	cold-slug well	冷料井
溢料槽	flash groove	跑胶道、流胶沟
排气槽	air vent	排气道、排气孔、疏气位
分型面	parting surface	分模面
分型线	parting line	分模线
水平分型面(线)	horizontal parting line	
垂直分型面(线)	vertical parting line	
定模	fixed half	固定侧
动模	moving half	可动侧
排气系统	vent system	
顶出系统	ejection system	脱模系统
顶出机构	ejection mechanisms	脱模机构
成型零部件	molding parts	
冷却系统	cooling system	
冷却通道	cooling channel	
加热系统	heating system	供热系统
收缩率	shrinkage	缩水
抽芯力	core-pulling force	
抽芯距	core-pulling distance	
投影面积	projected area	
脱模斜度	draft	拔模斜度
模具寿命	die life	
模腔数	cavity number	
2 相关术语类(注塑成型)		
注射机	injection molding machine	注塑机、射出成型机、啤机
注射能力	shot capacity	注塑容量、注塑能力
注射压力	injection pressure	注塑压力、射胶压力
锁模力	clamping force	合模力
成型压力	moulding pressure	成形压力
模内压力	internal mould pressure	型腔压力
开模力	mould opening force	
脱模力	ejection force	顶出力
闭合高度	mould-shut height	
最大开距	maximum daylight	模板开距
脱模距	stripper distance	
最大容模厚度	max mold height	最大模厚
最小容模厚度	min. mould thickness	最小模厚
拉杆内距	space between tie bars	拉杆间距、导柱内距
注射装置	injection unit	射胶系统
预塑化装置	preplasticator	
合模装置	clamping unit	锁模系统
控制装置	control unit	控制系统
机械手	mechanical arm	机械臂

中文名称	英文名称	中文别称
快速换模系统	quick die change system	快速换模装置
顺序阀	sequence valve	
喷嘴直径	nozzle diameter	
喷嘴球半径	nozzle radius	
成型周期	molding cycle	模塑周期
注射时间	injection time	射出时间
保压时间	packing time	
冷却时间	cooling time	
顶出时间	ejection time	脱模时间
开、合模时间	time of mold open & close	
塑料	Plastics	塑胶
塑件	plastic parts	塑胶件
项目名称	project name	
产品名称	product name	品名
外观件	appearance part	
总产量	total product	
电镀	plating	喷镀
油漆	paint	
蚀纹	texture	咬花
光面	shiny side	
热板焊	hot plate welding	
超声波焊	ultrasonic welding	超声焊
摩擦焊	friction welding	
振动焊	vibration welding	
壁厚	wall thickness	
加强筋	rib	
圆角	fillet	
尖角	sharp corner	锐角、利角
凸台	convex plate	
文字	text	
孔位	hole location	
工艺分析	process analysis	过程分析
流动分析	flow analysis	充填分析
顶白	ejected mark	顶痕
毛刺	burr	毛边
缩痕	sink mark	凹痕
水波痕	water wave effect	
表面光泽度不良	gloss ng	
银丝纹	silver streak	银条纹、银丝
气泡	bubble	
黑条纹	dark streak	
烧焦	burn	烧伤、烧黑
黑点	black spots	黑色斑

中文名称	英文名称	中文别称
翘曲	warpage	
熔接线	weld lines	熔合线
熔接痕	welding mark	溶合痕
尺寸不稳定	dimensional instability	
裂痕	flaw	裂缝
变色	discoloration	褪色
困气	air trapping	
缺胶	short shot	充填不足、欠注、短射
试模	mold trial	
注射速度	injection rate	注射速率
干燥温度	drying temperature	烘干温度
干燥时间	drying time	烘干时间
成型温度	injection temperature	注塑温度、喷射温度
模具温度	mould temperature	
3. 相关术语类（材料）		
模板	mould plate	
标准件	standard parts	
电极	electrode	
铜电极	copper electrode	铜公
石墨电极	graphite electrode	
钨电极	tungsten electrode	
钢	steel	钢铁、钢材
热作钢	hot work tool steel	热锻模具钢
冷作钢	cold work steel	
预硬钢	prehardened steel	
碳素钢	carbon steel	碳钢
碳素工具钢	carbon tool steel	
不锈钢	stainless steel	
铬钼钢	chrome molybdenum steel	
合金工具钢	alloy tool steel	
高速工具钢	high speed tool steel	
硬质合金钢	hard alloy steel	
弹簧钢	spring steel	
灰口铸铁	grey cast iron	灰铸铁、灰口铁
紫铜	copper	
黄铜	brass	
青铜	bronze	
铍铜	BeCu	
铍青铜	beryllium bronze	
铝	aluminum	
4. 相关术语类（技术参数）		
结晶性	crystallinity	结晶度
透明性	transparency	透明度

中文名称	英文名称	中文别称
耐热性	heat resistance	抗热性
熔融指数	melt index	熔体流动指数
剪切速率	shear rate	剪切率
剪切应力	shear stress	
摩擦系数	frictional coefficient	
布氏硬度	brinell hardness	HB
洛氏硬度	rockwell hardness	HRC
肖氏硬度	shore hardness	Hs
维氏硬度	vickers hardness	HV
金属疲劳	metal fatigue	
疲劳寿命	fatigue life	
密度	density	
重量	weight	
重心	centre of gravity	
面积	area	
体积	volume	
承压面积	bearing area	支承面积
雷诺数	reynolds number	
导热性	thermal conductivity	导热率、导热系数
比热容	specific heat	比热
热量	heat quantity	
温差	temperature difference	
弹性模量	modulus of elasticity	弹性模数、杨氏模量
截面惯性矩	second moment of area	截面二次轴矩
截面模量	section modulus	截面系数
泊松比	poisson ratio	横向变形系数
拉伸强度	tensile strength	抗拉强度
压缩强度	compressive strength	抗压强度
屈服强度	yield strength	
剪切强度	shear strength	抗剪强度
冲击强度	impact strength	抗冲强度
扭曲强度	torsional strength	抗扭强度、扭转强度
弯曲强度	bending strength	抗弯强度、抗挠强度
屈服应力	yield stress	
延展率	elongation	延伸率
载荷	load	
弹性变形	elastic deformation	弹性形变
热膨胀系数	thermal expansion coefficient	

5. 相关术语类（表面处理）

热处理	heat treatment	
调质	thermal refining	TR
渗碳	carburizing	
退火	annealing	

中文名称	英文名称	中文别称
回火	tempering	
氮化	nitriding	NT、渗氮
真空氮化	vacuum nitriding	真空渗氮
真空渗碳氮化	vacuum carbonitriding	真空碳氮化
离子氮化	plasma nitriding	
离子渗碳氮化	ion carbonitriding	
淬火	quenching hardening	QH
高频淬火	high frequency hardening	
真空淬火	vacuum hardening	
化学电镀	chemical plating	化学镀
阳极氧化处理	anodizing	阳极氧化
发黑	blackening	染黑法
喷砂处理	sand blast	
时效处理	seasoning	
6. 相关术语类（加工）		
加工中心机床	machine centers	加工中心
CNC 铣床	cnc milling machine	数控铣床
高速铣床	high speed milling machine	
仿形铣床	profiling milling machine	靠模铣床
仿形车床	copy lathe	靠模车床
锯床	saw machine	
刨床	planing machines	
磨床	grinding machines	
车床	lathe	
摇臂钻床	radial drilling machine	旋臂钻床
钻床	drilling machine	钻孔机
雕刻机	engraving machines	
电火花机	electric discharge machines	火花机
线切割放电机	wire E. D. M.	线割放电加工机
测量机	measuring machines	
三坐标测量仪	three-coordinates measuring machine	
合模机	die spotting machine	
机加工	machining	切削加工
锻造	forging	
铸造	casting	
精密压铸	accurate die casting	
电铸	electroforming	
热轧	hot rolling	HR
冷轧	cold rolling	冷压延
拉拔	draw out	
挤压	extrusion	挤制加工
锯削	sawing	
雕削	carving-and-scraping	

中文名称	英文名称	中文别称
铣削	milling	
镗削	boring	
锉削加工	filing	
车削	turning	
钻孔	drilling	
铰孔	reaming	铰孔修润
拉削	broaching	
刮削	scraping	
磨削	grinding	
研磨加工	lapping	
切削	cutting	
砂纸加工	coated abrasive machining	
抛光加工	polishing	抛亮光
电火花加工	electrical discharge machining	放电加工、EDM
线切割加工	spark-erosion wire cutting	WEDM
电解研磨	electrochemical lapping	
化学研磨	chemical polishing	

7. 相关术语类（制图）

中文名称	英文名称	中文别称
技术制图	technical drawing	工程制图
技术参数	technical parameter	
表面粗糙度	surface finish	表面光洁度
公差与配合	common difference & cooperation	
形位公差	geometric tolerance	几何公差
尺寸公差	dimension tolerance	
公差范围	tolerance limits	容差极限
基孔制	basic hole system	
基轴制	basic shaft system	
三角函数	trigonometric function	
装配图	assembly drawing	组装图、总装图、组合图
模具排位图	die layout	结构草图
零件图	part drawing	散件图
工艺图	process drawing	工艺过程图
件号	no.	
名称	designation	
实际尺寸	actual size	
标准尺寸	stock size	
材质	material	材料、物料
数量	quantity	
订货号	order no.	订单号
备注	remarks	附注
供应商	supplier	供货商

中文名称	英文名称	中文别称
模号	mold no	
设计	design	
审核	checked by	核对
批准	approve	审批
比例	scale	
单位	unit	
张次	sheet	
版本	revision	版次
图纸大小	drawing sheet size	
模具公差	mold tolerance	
日期	date	
客户	customer	
技术要求	technical requirement	技术条件、技术规定
使用说明书	operation specifications	操作规范
8. 相关术语类(流程、商务)		
流程优化	process optimization	过程优化
时间计划表	time schedule	工作进度表、时间安排表
设计优化	design optimization	
产品分析报告	product analysis report	
流动分析报告	flow analysis report	
结构分析报告	structural analysis report	
模具性能与寿命分析	analysis of performance and life of mold	
行政部	administrative department	行政司
营销部	marketing department	市场部、市场销售部
项目部	project department	
工程部	engineering department	
技术部	technical department	技术研发部
制造部	manufacture department	生产部
质检部	quality inspection department	品保部
采购部	purchasing department	
财务科	finance section	
客服部	customer service department	客户服务部
董事长	board chairman	董事局主席
总经理	general manager	
技术总监	technical director	
工程部经理	engineering manager	
制造部经理	manufacturing manager	生产部经理
模具项目经理	mold project manager	
模具设计师	mould designer	
模具分析师	mould analyst	
项目工程师	project engineer	
钳工	fitter	
模具成本	mold cost	模具费用

中文名称	英文名称	中文别称
利润	profit	
报价单	quotation	
设计成本	design cost	设计费
制造成本	manufacturing cost	生产成本
材料成本	material cost	物料成本
调试成本	debugging cost	调试费用
管理成本	administration cost	管理费
税收	revenue	
交期	delivery time	发货期、交货期

配套教学资源与服务

配套教学资源与服务

一、教学资源简介

本教材通过 www.51cax.com 网站配套提供两种配套教学资源：

■ 新型立体教学资源库：**立体词典**。"立体"是指资源多样性，包括视频、电子教材、PPT、练习库、试题库、教学计划、资源库管理软件等等。"词典"则是指资源管理方式，即将一个个知识点（好比词典中的单词）作为独立单元来存放教学资源，以方便教师灵活组合出各种个性化的教学资源。

■ 网上试题库及组卷系统。教师可灵活地设定题型、题量、难度、知识点等条件，由系统自动生成符合要求的试卷及配套答案，并自动排版、打包、下载，大大提升了组卷的效率、灵活性和方便性。

二、如何获得立体词典？

立体词典安装包中有：1)立体资源库。2)资源库管理软件。3)海海全能播放器。

■ 院校用户（任课教师）

请直接致电索取立体词典（教师版）、51cax 网站教师专用账号、密码。其中部分视频已加密，需要通过海海全能播放器播放，并使用教师专用账号、密码解密。

■ 普通用户（含学生）

可通过以下步骤获得立体词典（学习版）：在 www.51cax.com 网站"请输入序列号"文本框中输入教材封底提供的序列号，单击"兑换"按钮，即可进入下载页面;2)下载本教材配套的立体词典压缩包，解压缩并双击 Setup.exe 安装。

三、教师如何使用网上试题库及组卷系统？

网上试题库及组卷系统仅供采用本教材授课的教师使用，步骤如下：

1)利用教师专用账号、密码（可来电索取）登录 51CAX 网站 http://www.51cax.com;
2)单击"进入组卷系统"键，即可进入"组卷系统"进行组卷。

四、我们的服务

提供优质教学资源库、教学软件及教材的开发服务，热忱欢迎院校教师、出版社前来洽谈合作。

电话:0571—28811226,28852522

邮箱:market01@sunnytech.cn , book@51cax.com

机械精品课程系列教材

序号	教材名称	第一作者	所属系列
1	AUTOCAD 2010 立体词典：机械制图（第二版）	吴立军	机械工程系列规划教材
2	UG NX 6.0 立体词典：产品建模（第二版）	单岩	机械工程系列规划教材
3	UG NX 6.0 立体词典：数控编程（第二版）	王卫兵	机械工程系列规划教材
4	立体词典：UGNX6.0 注塑模具设计	吴中林	机械工程系列规划教材
5	UG NX 8.0 产品设计基础	金杰	机械工程系列规划教材
6	CAD 技术基础与 UG NX 6.0 实践	甘树坤	机械工程系列规划教材
7	ProE Wildfire 5.0 立体词典：产品建模（第二版）	门茂琛	机械工程系列规划教材
8	机械制图	邹凤楼	机械工程系列规划教材
9	冷冲模设计与制造（第二版）	丁友生	机械工程系列规划教材
10	机械综合实训教程	陈强	机械工程系列规划教材
11	数控车加工与项目实践	王新国	机械工程系列规划教材
12	数控加工技术及工艺	纪东伟	机械工程系列规划教材
13	数控铣床综合实训教程	林峰	机械工程系列规划教材
14	机械制造基础—公差配合与工程材料	黄丽娟	机械工程系列规划教材
15	机械检测技术与实训教程	罗晓晔	机械工程系列规划教材
16	机械 CAD（第二版）	戴乃昌	浙江省重点教材
17	机械制造基础（及金工实习）	陈长生	浙江省重点教材
18	机械制图	吴百中	浙江省重点教材
19	机械检测技术（第二版）	罗晓晔	"十二五"职业教育国家规划教材
20	逆向工程项目实践	潘常春	"十二五"职业教育国家规划教材
21	机械专业英语	陈加明	"十二五"职业教育国家规划教材
22	UGNX 产品建模项目实践	吴立军	"十二五"职业教育国家规划教材
23	模具拆装及成型实训	单岩	"十二五"职业教育国家规划教材
24	MoldFlow 塑料模具分析及项目实践	郑道友	"十二五"职业教育国家规划教材
25	冷冲模具设计与项目实践	丁友生	"十二五"职业教育国家规划教材
26	塑料模设计基础及项目实践	褚建忠	"十二五"职业教育国家规划教材
27	机械设计基础	李银海	"十二五"职业教育国家规划教材
28	过程控制及仪表	金文兵	"十二五"职业教育国家规划教材